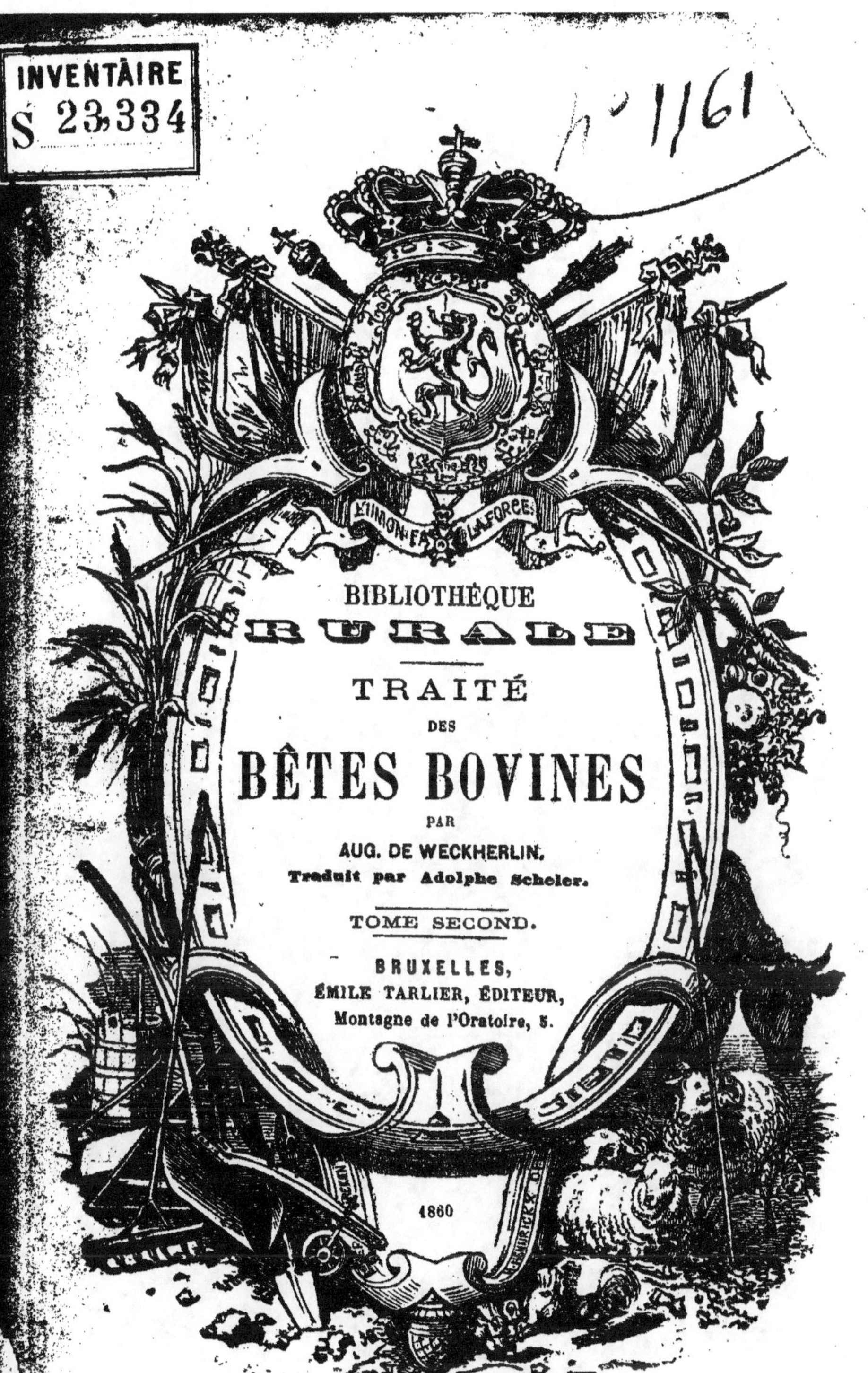

BIBLIOTHÈQUE RURALE

TRAITÉ

DES

BÊTES BOVINES

PAR

AUG. DE WECKHERLIN.

Traduit par Adolphe Scheler.

TOME SECOND.

BRUXELLES,
ÉMILE TARLIER, ÉDITEUR,
Montagne de l'Oratoire, 5.

1860

TRAITÉ

DES

BÊTES BOVINES

ZOOTECHNIE SPÉCIALE.

TRAITÉ

DES

BÊTES BOVINES

Appréciation — Reproduction
— Élevage — Exploitation — Amélioration —

PAR

AUG. DE WECKHERLIN

Ancien directeur de l'institut agronomique de Hohenheim, conseiller
intime de S. M. le Roi de Wurtemberg.

TRADUIT DE L'ALLEMAND

d'après la 5me édition et avec l'autorisation de l'auteur,

PAR ADOLPHE SCHELER

Médecin-Vétérinaire du Gouvernement et des écuries
de S. A. R. le Comte de Flandre.

TOME SECOND.

BRUXELLES,

LIBRAIRIE AGRICOLE D'ÉMILE TARLIER,
Éditeur de la Bibliothèque rurale,
MONTAGNE DE L'ORATOIRE, 5.

1860

BRUXELLES. — TYP. DE VEUVE J. VAN BUGGENHOUDT
Rue de Schaerbeek, 12

EXPLOITATION

DES

BÊTES BOVINES

EMPLOI DES BÊTES BOVINES.

§ 185.

Dans l'origine, l'emploi du bœuf se bornait probablement, comme aujourd'hui encore dans certains pays peu cultivés, à l'utilisation de sa viande et de sa graisse pour la consommation de l'homme. On pratiquait donc l'élève bovine en vue de *l'élève de jeunes bêtes*, puis de *l'engraissement*.

Mais bientôt l'usage du lait, comme aliment pour l'homme, amena le développement de la *laiterie*.

Plus tard, la culture du sol réclama l'emploi des bêtes bovines pour le trait, jusqu'à ce qu'une population croissante, une culture et un emploi de plus en plus artificiels du sol nécessitèrent, dans beaucoup de circonstances, l'éducation des bêtes bovines pour leur *fumier*.

Maintenant les conditions dans lesquelles on entretient des bêtes bovines sont différentes. Tantôt, l'élève bovine est le but principal de la culture ; tantôt, elle est par la production du fumier un moyen d'arriver au but ; enfin il y a des circonstances où l'élève bovine est entreprise d'un côté, pour l'utilisation du sol, le but véritable, tandis que, de l'autre côté, la production du fumier devient un moyen pour arriver au but de la culture rurale. Dans l'introduction, j'ai déjà énoncé brièvement que, même pour la production du fumier, l'élève des bêtes bovines offrait des avantages sur l'élève d'autres animaux ; toutefois la nécessité et la manière de produire du fumier n'entrent pas dans l'enseignement de l'élève bovine, mais plutôt dans la doctrine sur la culture des plantes agricoles et sur l'économie rurale.

Que l'élève et l'entretien des bêtes bovines soient le but principal, ou seulement un moyen pour arriver au but, ou bien encore l'un et l'autre à la fois, il est certain que l'élève la plus intelligente des bêtes bovines, leur entretien le plus rationnel, et leur emploi économiquement le plus juste est la chose principale et un des objets les plus importants de la culture rurale en général, parce que ce n'est que dans ces conditions que l'élève bovine fournit le plus grand rendement et qu'ainsi le fumier se produit au meilleur marché ; considération majeure dans une exploitation rurale.

J'ai indiqué les règles pour l'élève et l'entretien, il me reste à exposer celles pour l'emploi des bêtes bovines. Suivant l'ordre naturel établi ci-dessus, je vais les indiquer, en les faisant suivre d'une comparaison des résultats économiques qu'on peut en attendre.

1. — Élève de jeune bétail.

§ 184.

J'ai déjà parlé de l'élève et de l'entretien du jeune bétail ; elle se pratique dans des buts différents :

1° Pour obtenir des bêtes pour son propre usage, soit pour la reproduction, soit pour le lait, pour le travail ou pour l'engraissement, en se défaisant des bêtes les plus âgées ;

2° Pour obtenir plus de jeunes bêtes qu'il n'en faut pour son propre usage et vendre le surplus.

3° On achète de jeunes bêtes pour les élever et les revendre plus tard.

§ 185.

Dans l'introduction de cet ouvrage, j'ai indiqué, combien sous le rapport de l'élève bovine, on était arriéré dans certains pays, ce qu'il y avait encore à faire et à apprendre pour la perfectionner, et comment il devenait possible, par l'application de bons principes, d'élever avec la même dépense une bête livrant un profit double et ayant une valeur double d'une autre. J'ai également fait remarquer en traçant les règles pour l'élevage du jeune bétail, que celui-ci se pratiquait trop souvent d'une manière fausse et ne donnait ainsi que de faibles résultats.

Dans ces circonstances, il n'y a donc rien d'étonnant que les opinions sur l'avantage économique de l'élève du jeune bétail soient si différentes ; car il est des personnes qui, en se prononçant contre l'élève propre, cherchent à démontrer par des calculs que le bétail qu'on a élevé soi-même revient

ordinairement plus cher que si on l'achète, et qui
conseillent, en conséquence, d'acheter tout le bétail
nécessaire, même les bêtes laitières au lieu de les
élever.

Pour établir un calcul comparatif sur le résultat
économique de l'élève de jeune bétail, il est nécessaire de considérer tous les autres emplois des
bêtes bovines et de comparer les divers résultats;
je dois renvoyer cet aperçu plus loin et me borner
pour le moment à quelques indications générales.

§ 186.

Si on admet que l'élève bovine est encore susceptible de beaucoup de perfectionnements, sous le
rapport de la conformation et des qualités des animaux; il est certain que ce résultat ne peut s'obtenir qu'en élevant soi-même, dût-on d'abord faire
achat d'une souche. Que l'agriculteur tienne ses
bêtes bovines pour la laiterie, ou pour l'engraissement, ou même pour le trait, ce n'est qu'en élevant
lui-même qu'il aura la plus grande certitude d'avoir
quelque chose de bon.

C'est surtout important pour les vaches laitières.
Il se peut bien qu'en apparence on achète des vaches laitières à meilleur compte qu'on ne les
obtiendrait en les élevant soi-même; on est quelquefois assez heureux d'acheter de cette manière
une excellente laitière; mais en général, c'est le cas
le plus rare, car le détenteur d'une bonne vache
laitière la gardera ou ne la vendra qu'à un prix
équivalant aux frais d'élevage et du rendement qu'il
en tire; et on aura moins de certitude pour les
qualités. Il est ainsi toujours difficile de se procurer d'une façon continue un bétail à lait aussi

avantageux que possible ; et l'élève se recommande encore spécialement parce que, comme je le montrerai en parlant de la lactation, les facultés lactifères peuvent être augmentées, non-seulement par une élève convenable, mais encore par l'éducation et l'habitude.

Là où le lait trouve un débouché favorable il arrive que l'on se procure le bétail à lait, sans recourir à l'élevage, par l'achat constamment renouvelé de vaches fraîches et la vente de celles qui cessent de donner du lait ; on tient un taureau dans le seul but de faire saillir les vaches pour empêcher les chaleurs fréquentes, préjudiciables à la lactation, et pour vendre les vaches pleines. Mais je n'ai vu que trop souvent abandonner cette manière d'agir et en revenir à l'élevage pour ses propres besoins ; d'autant plus qu'à l'achat fréquent de vaches se lient des circonstances et des inconvénients trop souvent méconnus que j'indiquerai en parlant de l'achat et de la vente du jeune bétail.

Il ne sera donc avantageux de se procurer ses vaches par des achats renouvelés, que dans certaines circonstances ; ainsi, là où la nourriture rapporte continuellement par la production du lait un tel profit qu'il y aurait perte à se livrer à l'élève de bétail ; je donnerai plus tard des moyens de calculs à cet égard ; toutefois il faut tenir compte des nombreux inconvénients et des qualités lactifères moindres que l'on risque de rencontrer en achetant du bétail étranger ; ou bien encore lorsque la nature de l'alimentation principale ne convient pas pour l'élevage ; il faut encore tenir compte des laiteries des grandes villes où l'on a déjà tant de besogne qu'il est impossible de s'occuper encore de l'élève pour subvenir à ses besoins.

L'élève propre est moins importante pour le bétail de trait et celui de l'engraissement, parce que les bêtes convenables peuvent s'acheter dans le commerce avec beaucoup moins d'embarras qu'un excellent bétail à lait, et parce qu'il est beaucoup moins difficile de calculer d'une manière approximative s'il y a plus d'avantage d'élever ou d'acheter les taureaux et les bœufs aptes au trait ou à l'engraissement, que des bêtes à lait. Pourtant il ne faut pas perdre de vue, que l'aptitude à l'engraissement tout en provenant plus ou moins de la race peut plus facilement et mieux que l'aptitude à la lactation être favorisée par une alimentation abondante dès la jeunesse. Par conséquent, dans l'entretien des bêtes bovines, lorsque l'engraissement est le but principal comme en Angleterre, il est encore plus avantageux d'élever soi-même.

Dans l'échange et l'achat fréquents de bêtes de trait, on ne doit pas non plus méconnaître les inconvénients dont il sera question en traitant du commerce de jeune bétail.

§ 187.

Un autre point qui demande plus de réflexion et plus de calcul, c'est de savoir si on doit élever sur une plus grande échelle que ne le réclame la propre consommation, c'est-à-dire pour la vente des animaux. Si par l'élève propre du bétail recommandée dans les paragraphes précédents, on est parvenu à lui donner dans sa nature et ses qualités une supériorité réelle incontestée, de semblables produits seront bientôt tellement recherchés, qu'on les achètera à des prix plus élevés que ceux de la boucherie, c'est-à-dire comme autant d'animaux reproducteurs. De cette façon on rend le commerce de jeune bétail avantageux, et dans la tendance actuelle de perfectionner l'élève bovine et d'en tirer de plus grands avantages, le bénéfice d'une pareille éducation sera d'autant plus grand pour l'agriculteur qu'il se mettra plus promptement à l'amélioration de bétail, parce que, comme dans toute autre élève, il est alors plus certain de revendre à d'autres qui veulent l'imiter. En même temps, il assure la réputation de ses produits, et une vente favorable.

Si dans l'élève de jeune bétail pour la vente, la nourriture ne se calcule qu'à raison du poids de la viande des animaux, elle entre en concurrence, et en comparaison avec la réalisation de la nourriture par l'engraissement. Mais si, comme on l'a vu dans les règles pour l'alimentation du jeune bétail, et comme on le verra encore dans les calculs sur l'engraissement, 10 livres valeur de foin en nourriture de production qui produisent chez le bétail à l'engraissement une livre d'augmentation du corps, ne produisent qu'autant chez le jeune bétail, l'élève de celui-ci est en désavantage, parce qu'une livre de viande engraissée se paye plus cher qu'une livre de viande de jeune bétail non gras. L'élève de jeune bétail pour la vente ne sera donc recommandable et lucrative que dans les cas suivants :

1°) Lorsqu'elle est pratiquée dans des contrées, où, soit à cause de l'espèce de nourriture, de la nature des pâturages, du manque de défaite avantageuse des produits de la laiterie etc., à cause du sol et des circonstances locales, aucun autre emploi du bétail n'est plus profitable. Il arrive donc souvent qu'on pourra acheter, dans ces contrées, du jeune bétail ordinaire et maigre, à des conditions plus avantageuses qu'on ne l'obtiendrait par l'élève.

Ces circonstances ne se rencontrent ordinairement que dans des contrées écartées, moins cultivées, où prédomine le système de pâturage sur des prairies naturelles moins riches et moins bonnes, rudes et montagneuses. Elles ne livrent le plus souvent pas un bétail perfectionné, et ne peuvent pas en cela, comme pour l'abondance de l'alimentation, entrer en concurrence avec l'élève bovine améliorée de contrées meilleures et plus convenables. Cependant ce bétail est ordinairement élevé durement; il résiste à la fatigue et aux intempéries, il profite bien d'une alimentation meilleure, convient particulièrement au trait à cause de sa résistance; aussi il est recherché comme tel, et fait un objet de commerce pour des contrées rudes d'où il va plus loin dans des pays plus riches en nourriture, où on le rend apte à la boucherie.

2°) Lorsque le bétail est parvenu à un degré de réputation tel, que les jeunes animaux sont recherchés comme reproducteurs à des prix au-dessus des prix ordinaires. Celui qui s'applique au perfectionnement de la race, et qui, en suivant fidèlement mes principes sur l'élève et l'entretien, (principes dont l'application est plus difficile dans les circonstances sub. 1), est arrivé à obtenir quelque chose de meilleur et de bien approprié aux besoins de la contrée et des consommateurs, trouvera par les prix plus élevés, auxquels on achète les reproducteurs dans toute élève animale, un résultat très-avantageux.

3°) Lorsqu'on élève un bétail, qui possède une telle aptitude à l'engraissement dès sa jeunesse, que comme je l'ai démontré plus haut par des exemples, la nourriture se réalise chez le jeune bétail plus lucrativement qu'à raison d'une livre d'augmentation de poids du corps pour 10 livres de nourriture de production.

4°) Quand les circonstances économiques le permettent, et rendent avantageux de tenir le jeune bétail toujours dans un tel état d'embonpoint, qu'il a une valeur de boucherie plus élevée que du jeune bétail maigre, et qu'alors il paye quelquefois ainsi sa nourriture tout aussi bien que par d'autres modes d'emploi.

Dans les calculs comparatifs sur les résultats économiques des divers modes d'emploi des bêtes bovines, on tiendra compte des conditions que je viens de citer comme avantageuses pour l'élève du jeune bétail. Mais on ne doit pas perdre de vue une circonstance qui ne s'exprime point par des chiffres, c'est que l'éleveur trouve dans cette augmentation d'élève de jeune bétail l'avantage d'un choix plus grand pour ses propres reproducteurs, avec certitude plus assurée pour l'avenir de se procurer du bon bétail pour ses besoins et pour son élève.

§ 188.

Une autre méthode d'élever du jeune bétail, est celle-ci. C'est de n'en élever que très-peu ou pas du tout, quand les conditions locales s'y opposent, mais *d'acheter du jeune bétail*, de le tenir à une bonne alimentation pendant plus ou moins de temps, et puis de le revendre. Ce système se pratique principalement dans les contrées, et conditions rapportées plus haut sub. 1), et là où existe un commerce assez suivi de bêtes à cornes pour des régions plus éloignées. Dans cette manière de réaliser le fourrage, une connaissance approfondie du commerce et du bétail lui-même est indispensable. Il faut encore savoir profiter des conditions momentanées et se tenir au courant des occasions d'achat et de revente. Il est donc à peu près impossible de porter un jugement général sur la valeur de cette pratique ou d'établir des calculs généraux sur le taux auquel on réalise la nourriture. Toujours est-il que, dans certaines circonstances, ce mode de pratique peut devenir avantageux.

Des échanges et transactions fréquentes de taureaux et bœufs plus ou moins forts se pratiquent souvent par des cultivateurs qui n'ont que peu de terre; ils le font même ordinairement, et cela s'explique; car l'espace restreint de leur exploitation ne leur permet ordinairement que de loger le bétail de travail et d'utilité nécessaires, mais non pas des élèves en qualité nécessaire pour pouvoir suppléer à leurs besoins; en outre, le travail pour le petit nombre de bestiaux qu'ils tiennent n'est pas réparti d'une manière égale sur toute l'année; ils ne peuvent donc en tenir principalement qu'à l'époque du besoin, lors des grands travaux des champs etc. et en raison des fourrages qu'ils possèdent; ils doivent donc se procurer des taureaux ou bœufs en nombre et de force, tantôt plus grands, tantôt plus petits; ce sont ces cultivateurs principalement qui, dans beaucoup de contrées, achètent les bœufs jeunes et maigres, les habituent au joug, et tout en les faisant travailler, les soignent et les nourissent bien, puis les revendent en bon état à des prix où la nourriture est comptée modiquement, parce qu'ils ont utilisé le travail des bœufs. Les cultivateurs ayant une exploitation plus vaste, qui ne veulent pas s'occuper d'habituer au joug ou tenir des bœufs légers, peuvent alors acheter ces bestiaux de trait élevés et rendus durs par la manière dont ils ont été traités dans leur jeunesse, à des prix ordinairement moins élevés qu'ils n'auraient pu les élever eux-mêmes. Cette dernière manière est-elle avantageuse dans toutes les circonstances, et surtout cette méthode des petits cultivateurs de tenir un bétail composé de bœufs et de génisses, qu'ils renouvellent constamment par l'achat et la vente, serait-elle d'après des calculs exacts également plus profitable dans les grandes exploitations, que l'élève propre? Ceci est une autre question. Dans tous les cas, il faut bien prendre en considération :

1°) Dans ce commerce sur les marchés on cherche à tromper l'acheteur.

2°) L'expérience et la connaissance du bétail, du commerce, etc., pour l'achat avantageux, s'acquièrent d'abord chèrement ;

3°) Le cultivateur cherchera toujours à vendre surtout les animaux dont l'expérience dans son étable lui aura prouvé, qu'ils payent le moins avantageusement leur nourriture ;

4°) Par l'échange fréquent de bestiaux provenant d'étables étrangères et inconnues, on s'expose à l'introduction de maladies contagieuses (de la pleuro-pneumonie exsudative, etc.);

5°) A chaque changement d'entretien, de nourriture, de boisson, etc., il s'écoule un certain temps jusqu'à ce que les bestiaux s'y soient habitués, et pendant ce temps, la nourriture consommée est peu utilisée.

6°) Le voyage fréquent du bétail vers des marchés souvent éloignés occasionne une dépense de temps et d'argent qui n'est pas insignifiante, mais dont on ne tient souvent pas compte.

7°) Quoiqu'une bête élevée chez soi coûte plus,

qu'elle ne se vend dans des qualités à peu près semblables, elle offre beaucoup plus de certitude de
bien payer sa nourriture, qu'un animal acheté
dans des conditions d'entretien qu'on ne connaît
pas.

8°) Même les bœufs de travail élevés chez soi,
lorsqu'on applique de bons principes d'alimentation,
c'est-à-dire, une nourriture abondante, reviennent
beaucoup moins cher, qu'ils ne coûtent lorsqu'ils
sont élevés d'une manière fausse, c'est-à-dire quand
on les nourrit maigrement, et qu'on doit pendant
beaucoup plus de temps dépenser inutilement la
nourriture de conservation, et qu'on ne peut souvent les utiliser qu'à l'âge de 4 et 5 ans; tandis
qu'un bœuf abondamment nourri peut déjà servir
à l'âge de 2 1/2 à 3 ans; qu'il est plus apte à l'engraissement et à la boucherie, qu'il aura un poids
plus grand que l'autre et qu'il rendra par la facilité
et la promptitude de l'engraissement le surcroît
de nourriture qu'on aura dépensé pour l'élever
vigoureusement.

II. — L'engraissement.

§ 189.

J'ai traité dans la partie générale du but et de
l'effet de l'engraissement des animaux en général;
quant à celui des bêtes bovines en particulier, j'en
ai parlé en traitant de la quantité de la nourriture.

Dans l'engraissement des bœufs, on a également pour but d'obtenir, durant le laps de temps le
plus court possible, dans un rapport favorable à la
nourriture consommée, l'augmentation la plus

grande possible de l'animal en viande et en graisse, et en conséquence de donner à l'animal journellement autant de nourriture qu'il peut bien digérer et s'assimiler.

La pratique de l'engraissement peut se faire dans des conditions diverses; elle peut, soit comme branche principale, soit comme branche accessoire de l'emploi des bêtes bovines, de la réalisation de la nourriture, présenter des avantages sur les autres exploitations des bêtes bovines. Une bonne viande d'un bétail bien engraissé peut, dans une localité donnée, trouver un débit particulièrement bon; la localité ou la nourriture peuvent ne pas convenir autant à l'élève du jeune bétail ou à la laiterie, mais d'autant mieux convenir à l'engraissement, comme par exemple lorsqu'on a beaucoup de résidu de distillerie; les produits du laitage trouvent moins de débit; les bœufs de trait, les vaches sèches dont on veut se défaire dans l'exploitation ne trouvent à se vendre avantageusement que dans un état convenable d'engraissement.

Quant à la manière dont les résultats économiques se comportent vis-à-vis des autres modes d'emploi des bêtes bovines, je me réserve de la donner à la fin par des calculs et des comparaisons.

J'ai ici principalement à traiter :

Du choix du bétail pour l'engraissement;

Des différentes règles et méthodes pour l'engraissement;

Des rapports entre les résultats de l'engraissement et la nourriture consommée.

1. — CHOIX DU BÉTAIL POUR L'ENGRAISSEMENT.

§ 190.

Dans une bête bovine destinée à l'engraissement, on doit surtout considérer :

L'état de santé ;

L'âge ;

Les formes du corps et les qualités ;

Le sexe ;

L'état d'embonpoint ;

Le travail antérieur de l'animal, etc.

a. *État de santé.*

§ 191.

Qu'un animal à engraisser soit en bon état de santé, c'est la première condition pour espérer un résultat favorable. En parlant d'une manière générale des qualités exigées chez les bêtes bovines, j'ai déjà indiqué les signes extérieurs de santé ou d'absence de santé et j'y renvoie les lecteurs. Dans cette partie de mon travail, j'ai fait observer d'une manière particulière, que c'était des poumons grands et sains et, par conséquent, des fonctions normales de ces organes que dépendait la bonne santé, une digestion régulière, donc aussi un favorable engraissement. Il faut ensuite un excellent appétit ; les bœufs et les vaches doivent aussi ne pas avoir été épuisés de fatigue par le travail, quand même il n'y aurait pas encore d'état maladif bien prononcé. (Quelques personnes croient pouvoir reconnaître cet état d'épuisement lorsque la colonne vertébrale n'est plus très-mobile, et qu'en y exerçant une pression, l'animal ne peut plus bien fléchir de l'un ou l'autre côté.) On ne pêche que trop souvent en espérant pouvoir encore utiliser par l'engraissement des animaux maladifs ou mal conformés, etc.; car ordinairement la nourriture employée est en grande partie perdue.

Même chez des bêtes déjà placées à l'engraissement et n'accusant auparavant aucun état maladif, lorsqu'on s'aperçoit qu'elles digèrent mal, qu'elles se ballonnent, qu'elles n'ont pas bon appétit, bref, qu'elles ne réussissent pas comme d'autres, on doit se garder de les tenir trop longtemps; car plus on les conservera à l'engraissement, plus on perdra sur la nourriture.

b. *Age.*

§ 192.

L'âge des animaux n'est pas du tout sans importance pour les résultats de l'engraissement.

Des animaux jeunes se trouvant encore en plein développement corporel, et chez lesquels la nourriture profite surtout à l'extension du volume du corps livrent une viande à la vérité tendre, mais non pas ferme et bien entrelardée; ils font plus de graisse à l'extérieur qu'à l'intérieur.

Chez des animaux trop âgés, surtout s'ils ont été employés pendant longtemps à un travail rude ou à la lactation, les muscles et les tendons deviennent tenaces, durs et secs; la graisse ne peut pas convenablement s'interposer dans les chairs; la digestion est souvent affaiblie, de sorte que les aliments ne sont plus bien assimilés. C'est pourquoi même par le meilleur engraissement, on atteint ra-

rement son but avec de pareilles bêtes; leur viande
reste de qualité inférieure.

Le meilleur résultat dans l'engraissement s'obtient de bêtes bovines, bœufs ou vaches, qui ont à
peu près terminé leur croissance, qui sont ainsi
dans le meilleur âge, 5 à 8 ou 9 ans, et qui ont été
bien tenus dès leur jeunesse. Les animaux plus
jeunes mangent plus et plus rapidement, ils s'engraissent aussi plus vite, que des animaux plus
âgés, épuisés, auxquels souvent il manque des
dents; aussi faut-il à ces derniers un temps beaucoup plus long pour fournir une bonne marchandise
de boucherie. Mais pour décider quels sont au
point de vue économique l'époque et l'âge le plus
convenables pour l'engraissement des bêtes bovines,
il faut tenir compte des conditions de l'économie et
des exigences d'une bonne viande. Car il dépend
beaucoup de la question, si on veut auparavant
pendant longtemps employer les bœufs et les taureaux au trait, et les vaches à la lactation. Dans ce
cas, le bœuf, à moins de travailler au delà de ses
forces, gagnera encore en viande et en taille de l'âge
de 4 ans jusqu'à la sixième et septième année tout
en travaillant; de même la vache tout en donnant
du lait, de sorte que la nourriture se payera
par le travail et le croît, ou le lait et le croît tout
aussi bien, le plus souvent mieux à cet âge, que
par l'engraissement seul. Dans ces conditions, l'âge
de sept à neuf ans sera à peu près le plus convenable sous le rapport économique. Quand le lait est
le but principal, on garde les vaches laitières beaucoup plus longtemps avant de s'en défaire; mais
elles perdent alors tout autant de valeur pour l'engraissement que pour la reproduction; c'est ce
qu'on oublie souvent de décompter du produit du

laitage. Si l'élève bovine se pratique avec succès, on ne trouve, à l'exception de reproducteurs bien distingués, pas de vieilles vaches; car elles perdent par exemple de la septième et huitième jusqu'à la douzième année peut-être la moitié de leur valeur.

Mais là où l'emploi des bœufs au trait est moins habituel, où on ne tient pas les vaches laitières pendant longtemps, mais où on ne garde les bêtes bovines que principalement dans le but de l'engraissement, comme par exemple en Angleterre, ce serait une erreur économique de conserver les animaux jusqu'à l'âge signalé plus haut comme étant celui de leur plus grande vigueur, ainsi de garder des bœufs sans les faire travailler, et de les engraisser alors seulement.

Dans ces conditions, surtout en Angleterre, en Hollande, etc., on engraisse les animaux beaucoup plus tôt en cherchant à former des races d'engrais excellentes et qui se distinguent par un développement corporel précoce. Là on engraisse avec succès des bœufs qui n'ont que 2 ans ou 2 1/2; on regarde pourtant l'âge de quatre ans comme le meilleur. Ces animaux livrent la viande de ces bœufs d'Angleterre et de Hollande, dont la réputation est universelle; mais naturellement les ressources de pâturages magnifiques et la qualité de la race sous le rapport de la viande y ont leur part.

J'ai dit qu'il fallait encore tenir compte des qualités qu'on exigeait d'une bonne viande engraissée. Les Anglais et les Hollandais sont généralement d'avis que la viande d'un bœuf, qui a travaillé habituellement, n'est pas aussi bonne que de ceux qui ont été élevés sans travail et engraissés. D'autres pensent qu'un bœuf bien entretenu, qui a travaillé modérément jusqu'à l'âge de sept ans, donne une viande meilleure et plus tendre et que l'engraissement profite mieux.

Sans vouloir combattre les Anglais et les Hollandais, si experts sous ce rapport, on peut admettre qu'entre la viande d'un bœuf ménagé dans son travail, comme je viens de le dire, et celle d'un autre qui n'a jamais travaillé, la différence de qualité sera si insignifiante, que, chez nous du moins, un palais très-fin ne la découvrirait pas. Il en est autrement si l'animal a été mal nourri dès sa jeunesse, employé trop tôt à un labeur forcé, ou s'il a subi de mauvais traitements.

c. *Conformation et qualités.*

§ 193.

L'aptitude à l'engraissement est, comme je l'ai dit, qualité de race ; mais elle peut aussi être acquise, c'est-à-dire on peut favoriser beaucoup le développement et la transmission par hérédité de cette aptitude au moyen d'un entretien approprié. J'en ai parlé avec détail dans l'éducation du jeune bétail.

Quant aux formes corporelles et aux qualités qui sont les plus convenables pour l'engraissement, relativement aux races qui se distinguent le plus à cet égard, l'article sur les qualités désirables du corps (§ 24), ainsi que les articles sur les races, contiennent à peu près tout ce qui est essentiel, de sorte que je puis y renvoyer mes lecteurs.

On est, en effet, surpris, quand on observe pendant longtemps des résultats de l'engraissement, d'obtenir la conviction de la différence qu'on trouve même dans des conditions égales, sous le rapport de l'état de santé, de l'âge, du sexe entre la disposition à l'engraissement d'un animal et celle d'un autre. On voit souvent que, de deux bœufs d'engrais du même poids, recevant la même nourriture, dans le même laps de temps, l'un augmentera peut-être du double en poids comparativement à l'autre. Les animaux qui s'accroissent le plus lentement font ordinairement plus de graisse intérieure, de suif.

Il est donc très-important d'acquérir de l'expérience dans l'appréciation des animaux qu'on destine ou à l'engraissement ou à faire des élèves pour l'engraissement ; mais il faut, pour cela, beaucoup de pratique et d'habitude.

La conformation et l'attitude extérieure, telles que je les ai indiquées plus haut, forment bien la base principale de cette appréciation ; mais il est pourtant des animaux qui, avec des formes moins désirables, ont une très-bonne aptitude à l'engraissement.

Dans des circonstances où, comme en Angleterre, on a particulièrement égard à la qualité de la viande, et où l'engraisseur peut faire dans cette circonstance un bénéfice considérable, il faut diriger son attention sur les races et variétés connues comme se distinguant à cet égard. La description que j'ai donnée des qualités des diverses races, contient également ce qui a rapport à ce point.

Souvent il arrive que l'engraisseur, surtout en commençant, se laisse induire en erreur dans l'appréciation d'une bête destinée à l'engraissement par la circonstance que les bouchers préfèrent des sujets qui se sont engraissés lentement, parce qu'alors la viande est plus ferme, qu'il y a plus de graisse à l'intérieur, que la peau est plus pesante et qu'ils payent mieux ces animaux ; l'engraisseur cherche pour ses besoins du bétail qui porte tous les signes d'un engraissement prompt et facile. Bientôt ce bétail sera gras, mais il a intérieurement moins de graisse et une graisse moins bonne, la peau est plus légère. Mais comme les bouchers ne font sur l'animal vivant qu'une différence de prix insignifiante et, dans tous les cas, pas assez forte pour payer le surcroît de nourriture nécessité par la durée plus longue de l'engraissement, l'engraisseur aura ordinairement un avantage en choisissant les bêtes qui s'engraissent vite.

d. *Sexe.*

§ 194.

Sous le rapport de l'influence du sexe des animaux destinés à l'engraissement, je ferai remarquer que, tant chez les mâles que chez les femelles, la castration, et autant que possible la castration dans la jeunesse, et, par conséquent, la suppression des désirs sexuels si préjudiciables à l'engraissement, favorise d'une manière notable la quantité et la qualité de la viande.

On châtre dans le but de l'engraissement plus souvent des mâles que des femelles, en partie parce que ce sont principalement les animaux mâles qu'on destine à l'engraissement et que la castration a des avantages pour l'emploi des taureaux au trait ; en partie aussi, parce que la viande d'animaux mâles non châtrés est beaucoup moins bonne, plus rude, à fibres plus grosses.

Plus les taureaux sont âgés lorsqu'on les châtre, plus les mauvaises qualités de la viande augmentent, au point qu'une castration tardive ne produit presque plus d'effet. Il n'est donc pas souvent avantageux de châtrer des taureaux âgés et de les engraisser ; car ils se trouvent ordinairement sans cela en bon état et peuvent être vendus non châtrés. Un taureau châtré ne doit pas être engraissé avant qu'il n'ait perdu complétement, par son travail à la charrue ou par tout autre travail, sa viande de taureau, et, à cet effet, il doit auparavant avoir bien travaillé pendant deux ans.

Les bœufs châtrés dans leur jeunesse, à l'âge indiqué plus haut comme étant le meilleur, sont ce qu'il y a de préférable pour l'engraissement et la production en quantité et en qualité de viande et de graisse ; aussi les recherche-t-on le plus ordinairement.

Pourtant la qualité est de bien peu inférieure, et quelquefois égale chez les génisses et les jeunes vaches de trois à quatre ans, surtout si ces dernières, donnant peu de lait, n'entrent que peu ou pas du tout en chaleur, si elles montrent de la disposition à l'engraissement ou si elles ont subi la castration. Chez les vaches, il faut remarquer que si, pendant le cours de l'engraissement, elles entrent en chaleur, on doit les faire saillir ; car la gestation dans les premiers mois trouble moins l'engraissement que des chaleurs répétées. Néanmoins ces vaches donnent moins de suif que les bœufs.

Plus les vaches deviennent vieilles, plus elles sont maigres et desséchées, moins elles rapportent les frais d'engraissement et plus leur viande est mauvaise et dépréciée. Dans des pays où il est de principe de nourrir toujours bien et en abondance le bétail, surtout les animaux reproducteurs et les bêtes à lait, comme en Suisse, en Hollande, en Angleterre, etc., la viande de vaches, que dans ces pays on ne laisse pas devenir trop vieilles, est à un bon prix. On peut donc toujours s'en défaire très-bien, tandis qu'avec un régime maigre, les vieilles vaches n'ont presque pas de valeur.

c. *État d'embonpoint.*

§ 195.

L'état d'embonpoint de l'animal destiné à l'engraissement est très-important à considérer, et il existe différentes opinions sur la question de savoir quel est l'état le plus avantageux, bien entendu én tenant compte du prix d'achat moindre des animaux maigres, comparé au prix plus élevé de ceux qui sont un peu nourris. Mais si on réfléchit que le bon succès de l'engraissement d'un animal est d'autant plus douteux qu'il se trouve dans un état de maigreur plus grande, et que, dans tous les cas, il faut beaucoup de temps pour engraisser une bête très-maigre; tandis que des bœufs, tout en travaillant modérément, et des vaches, tout en donnant du lait, peuvent très-bien arriver à un état moyen entre le gras et le maigre et y rester, si on ne leur demande pas par trop de travail ou de lait, sans qu'on ait à faire la dépense nécessaire pour amener à cet état des animaux tout à fait maigres; si on considère bien tout cela, on aura des raisons suffisantes pour croire qu'il est désavantageux d'engraisser du bétail tout à fait maigre. Je suis parfaitement d'accord avec le principe de Favre, que l'on ne doit soumettre à l'engraissement aucun animal qui se trouve dans un état de maigreur excessive quand même il ne serait pas malade, et je voudrais ajouter : quand même le prix d'achat serait aussi bas que possible.

Chez des animaux achetés maigres, on a souvent fortement à craindre, que par suite du manque continu de nourriture, d'une maladie, etc., les fibres ne se soient desséchées, au point que les substances nutritives nécessaires à l'embonpoint et à l'engraissement ne puissent pas pénétrer.

2. DES RÈGLES ET MÉTHODES POUR L'ENGRAISSEMENT.

§ 196.

Chez les bestiaux destinés à l'engraissement, ce qui influe beaucoup sur les produits de l'engraissement, tant en quantité qu'en mérite, et à ce dernier point de vue, par exemple, le rapport entre la viande et la graisse et leur qualité; c'est, non-seulement la masse et la bonté des aliments, mais encore la juste application des principes généraux d'alimentation; en un mot, la méthode d'engraissement.

Sous ce rapport je ne puis mieux faire que de renvoyer à mes principes généraux sur l'alimentation et l'entretien et d'exposer brièvement, ce qui trouve son application à l'engraissement des bêtes bovines, en conservant l'ordre établi dans la partie générale.

L'engraisseur expérimenté sait que ce n'est pas autant la quantité de nourriture consommée qui engraisse, que celle qui est digérée facilement et complétement, et qui est assimilée.

Il faut donc dans l'alimentation d'engraissement avoir particulièrement présentes à l'esprit les règles relatives à la qualité de la nourriture, puis celles sur la quantité, ensuite les méthodes d'engraissement résultant de ces règles, et enfin veiller à ce que les aliments soient rationnés d'une manière convenable et propre à favoriser la digestion de la nourriture administrée.

a. Qualité des aliments pour l'engraissement.

§ 197.

Sous le rapport du volume des aliments, mes principes généraux disent que, si on dépasse l'alimentation pleine conforme à la nature, c'est-à-dire si on introduit un véritable engraissement, il devient nécessaire de diminuer le volume qu'occuperaient les aliments naturels donnés en aussi grande abondance. On peut en conclure combien sont précieux pour faire partie de l'alimentation d'engraissement, ces aliments qui par rapport à leur valeur nutritive occupent le plus petit volume, tels que les grains.

Toutes les diverses méthodes de préparer les aliments, comme je les ai indiquées dans la *Zootechnie générale* et appliquées à l'alimentation des bêtes bovines, § 121, ont pour but de faciliter leur digestion et leur assimilation; elles trouvent en conséquence leur application toute particulière dans l'engraissement des animaux qui doivent consommer plus de nourriture que dans l'état ordiraire de nature. On choisira donc la préparation la plus convenable aux dispositions de l'exploitation.

Il en est de même du mélange de sel aux aliments; chez les bêtes à l'engraissement, on augmente même la dose de sel comme étant un des meilleurs stimulants qui favorise la digestion, accroît la formation de la viande et de la graisse et en élève les qualités.

Pour ce qui concerne la qualité des divers aliments, il en a également été traité d'une manière spéciale, dans la *Zootechnie générale*, où il est facile d'apprendre ce qui est relatif à l'engraissement; j'y reviendrai, du reste, bientôt en parlant de la manière d'employer les aliments les plus usités dans l'engraissement et de la quantité à donner aux animaux.

On peut établir en principe basé sur l'expérience, que des animaux engraissés avec des aliments secs, (foin, grains, farines, etc.), donnent une viande et une graisse plus consistantes, plus solides, plus fermes et plus estimées, que des animaux qui ont été engraissés avec des plantes vertes, succulentes, des racines, du résidu de distillerie, de la drèche, etc.; j'excepte pourtant l'engraissement sur un pâturage sain et vigoureux. Les premiers sont plus recherchés et plus avantageux pour des transports lointains et se payent par conséquent mieux.

b. *Quantité des aliments en vue de l'engraissement.*

§ 198.

Concernant la quantité de l'alimentation dans l'engraissement, j'ai établi comme règle que plus on pouvait faire prendre aux animaux de nourriture de production, par conséquent, de nourriture totale, plus il y avait d'avantages. Cela est principalement basé sur ce que moins il faut de temps pour terminer l'engraissement d'un animal, moins il lui faut de nourriture de conservation qui ne rapporte rien, moins il y a de dépenses pour travail et soins, et moins on devra compter d'intérêt pour le capital représenté par le bétail à l'engraissement. Mais cette quantité ne peut être augmentée avantageusement que jusqu'au point que les animaux digèrent toujours régulièrement, et, par conséquent, assimilent; cela résulte de ce que j'ai dit plus haut. Jamais on ne doit dépasser cette limite; il ne doit jamais y avoir surcharge d'aliments, ce qui occasionnerait une indigestion qui s'annonce par une diarrhée, et alors, malgré la quantité d'aliments, il y aurait plutôt rétrogradation que progrès dans l'engraissement. Moins on peut à raison du grand volume des seuls aliments disponibles pour l'engrais, faire prendre de matériaux nutritifs, moins le rapport de la nourriture sera grand, et plus il faudra de temps pour l'engraissement. Jusqu'à quel point cet engraissement plus lent, comparé aux avantages cités d'un engraissement aussi court que possible, peut être économiquement avantageux dans des circonstances données, cela doit se calculer d'après la dépense qu'occasionnerait la nourriture plus concentrée qu'on devrait acheter, pour remplacer la nourriture propre à l'engraissement lent dont on dispose, mais en tenant compte de la plus longue durée de l'engraissement et d'une consommation plus grande de nourriture de conservation qui ne rapporte rien.

C'est précisément à cause de cette importante différence de rapport entre le volume et la force nutritive des divers aliments d'engraissement qu'on ne saurait indiquer, combien on peut et on doit faire consommer de nourriture de production à une bête à l'engrais. Si on ne veut pas aller par trop lentement dans l'engraissement, ce qui serait dans la plupart des cas moins avantageux, il faut donner au moins en nourriture totale plus du double de la nourriture de conservation ; au plus haut degré, par des aliments très-concentrées, on pourra faire consommer jusqu'au triple de la nourriture de conservation.

Comme la nourriture de conservation est à peu près en rapport direct avec le poids vivant momentané de l'animal, elle devra être augmentée au fur et à mesure que l'animal augmente en pesanteur.

c. *Méthodes d'engraissement.*

§ 199.

Les méthodes d'engraissement peuvent être dénommées d'après l'aliment principal employé, et se divisent, d'après les alimentations les plus habituelles, en engrais de pâturage, du vert, engrais de foin ou de fourrages secs, id. avec les racines, id. avec les graines céréales, id. avec le résidu de distillerie et de brasserie.

§ 200.

L'engraissement au pâturage a ordinairement lieu partout où l'on est dans l'habitude de faire pâturer, et où on possède des pâturages gras, vigoureux et riches, propres à un engraissement convenable.

Ce que j'ai dit sur l'alimentation des bêtes bovines dans les §§ 110 et suivants, trouve sa pleine application à l'engraissement au pâturage. Les bêtes bovines profitent mieux sur un pâturage naturel, que sur un pâturage artificiel alterné. Celui-là offre ordinairement un mélange d'herbes et de plantes plus varié, par conséquent, plus attrayant; l'herbe y est ordinairement plus grasse, à cause de la vieille force de l'herbage.

On prétend avoir observé que les bêtes bovines élevées et engraissées en liberté et sur de bons pâturages, ont plus de tendance à accumuler de la graisse à l'intérieur, tandis que celles engraissées à l'étable, gagnent plus à l'extérieur.

Nulle part probablement on ne pratique l'engraissement au pâturage d'une manière plus variée et plus rationnelle qu'en Angleterre ; et à cet égard je puis renvoyer aux notices que j'ai données dans mon écrit sur l'*Agriculture anglaise*.

Les règles pour un pâturage convenable et économiquement juste, ont été tracées d'une manière générale, en traitant des moyens d'alimentation (§ 112).

§ 201.

L'engraissement au moyen du fourrage vert, le trèfle, la luzerne, etc., a lieu assez souvent dans les exploitations à régime de stabulation, pourtant comme on ne peut ainsi pousser l'engraissement qu'à un certain point, il convient principalement pour de jeunes bêtes, taureaux ou génisses, chez lesquelles on ne cherche pas un engraissement parfait, ou bien pour du bétail plus âgé dans le but de commencer l'engraissement. Le vert ne doit alors être ni trop aqueux, ni trop jeune. Le trèfle venant d'entrer en floraison vaut mieux pour cet engraissement. Si on donne en même temps du fourrage sec, du foin, des graines, le résultat est naturellement meilleur.

Les causes pour lesquelles le trèfle, la luzerne, etc., ne produisent pas un engraissement aussi bon et aussi prompt que le pâturage sur un herbage vigoureux ont été exposées à l'occasion des propriétés générales de ces aliments. Les animaux ne peuvent pas, sans en éprouver du mal, consommer autant de trèfle, de luzerne, aliments plus volumineux et plus aqueux, qu'un judicieux mélange d'herbes et de plantes croissant sur un bon pâturage ; ce dernier excitera aussi davantage l'appétit.

On ne parviendra guère à faire consommer en un tel vert d'étable beaucoup plus que le double de la nourriture de conservation.

§ 202.

L'engraissement au sec, principalement avec du foin et du regain, se rencontre fréquemment. Un foin et un regain bons et vigoureux sont la nourriture la plus convenable pour les bêtes bovines, et ils agissent d'une manière particulièrement favorable sur la quantité et la qualité des produits de l'engraissement. En tant que le volume du foin n'impose pas certaines limites, il peut former la nourriture principale pour fournir un engraissement très-estimé. J'ai déjà dit, dans une autre occasion, que 1/50 du poids vivant en valeur de foin, le double de la nourriture de conservation, constitue le volume le plus naturel de la nourriture des bêtes bovines. On ne pourra pas dans l'alimentation avec du foin et du regain seuls leur en faire consommer beaucoup plus. C'est pourquoi là où on a plus d'avantage à activer l'engraissement, on y ajoute d'autres aliments plus concentrés, moins volumineux, surtout des farines, des graines, etc. Mais, dans tout engraissement, une ration pas trop petite de bon foin agira avantageusement sur la quantité et la qualité des produits ; aussi voit-on dans la plupart des contrées renommées surtout pour la bonté et le nombre de leur bétail d'engrais (sans que certaines industries, telles que des brasseries, etc., n'en fournissent l'impulsion et l'occasion) de beaux herbages destinés ou au pâturage ou à la fenaison.

Ecoutons ce que dit d'un tel engraissement le paysan du Hohenlohe, pays du Wurtemberg où l'engraissement se fait le mieux sur une grande échelle :

Notre bétail d'engrais devient si bon et se trouve tellement recherché par les bouchers tant du pays que de l'étranger, parce qu'il ne reçoit que du sec et en particulier du meilleur foin ; toutes les autres méthodes d'engraissement au moyen de préparations artificielles, d'aliments cuits, humectés, acidifiés, trempés, etc., peuvent bien engraisser plus promptement et à moins de frais, mais la viande, la graisse deviennent plus poreuses, moins fermes, moins consistantes, moins fixes, le boucher retire moins de valeur d'un animal ainsi engraissé, que de nos bestiaux de même grandeur.

L'alimentation d'engrais consiste en ceci : Le fourrage haché, composé du meilleur foin, surtout de regain et d'un peu de paille est tenu prêt. Le bétail en reçoit le matin beaucoup de petites portions consécutives, de sorte qu'il peut les ingérer vite sans beaucoup les flairer ou les enduire de bave ; l'engraisseur intelligent s'aperçoit bientôt en combien de temps le bétail peut manger ce fourrage jusqu'à ce qu'il ait soif ; alors on lui donne à boire de l'eau fraîche. En général, plus le bétail d'engrais boit d'eau fraîche, mieux cela vaut pour l'engraissement. Après avoir bu, le bétail reçoit des graines et de la farine de vesces, d'orge, d'avoine, d'épeautre et de seigle, également en petites portions et autant qu'il peut manger avec appétit ; après cela il se repose. A midi et le soir, il est nourri de la même manière, au dernier repas, on lui donne du sel en quantité suffisante.

Une grande exactitude pour les heures de repas, une grande propreté dans la nourriture, le repos et la tranquillité la plus grande possible des animaux sont les conditions principales ; l'engraisseur habile ne néglige pas d'aller vers l'approche de l'heure des repas, trois et quatre fois, voir son bétail d'engraissement et il s'éloigne sans avoir rien fait, lorsqu'il voit que le bétail se repose encore, qu'il n'a pas tout à fait mangé, etc.

On ne doit pas donner de vert à ce bétail.

Comme fourrage auxiliaire le foin de trèfle, de luzerne, etc., peut être considéré comme équivalent du foin de prairies moyennes, le foin d'esparcette mérite pourtant la préférence. Comme nourriture principale d'engrais, le foin de bonnes prairies devra être préféré.

§ 205.

L'engraissement avec des racines, principalement avec des pommes de terre, des betteraves, des raves, devient de plus en plus fréquent au fur et à mesure que la culture de ces plantes prend plus d'extension. Les pays où cet engraissement est le plus en vogue sont la Mark, la Poméranie, etc. Un agriculteur expérimenté, M. Koppe, nous dit à ce sujet : « Les racines, qui sont très-abondantes en automne et qui, si on voulait les conserver comme fourrage sec, offriraient beaucoup de pertes par suite de la putréfaction, sont dans l'Allemagne du nord la nourriture d'engrais ordinaire, ainsi que les résidus de distillerie, etc. Pour que l'engraissement au moyen des pommes de terre soit bien fait, il ne faut jamais que les animaux s'en surchargent l'estomac, mais par la plus exacte régularité et par l'excessive propreté de l'alimentation, ils doivent être amenés à en consommer économiquement beaucoup. La quantité de racines à donner dépend toujours de deux circonstances, savoir en premier lieu, si l'animal les consomme complétement, et en second lieu de l'effet qu'elles produisent sur les voies digestives. Si le bétail à l'engrais en laisse un peu, on doit diminuer la ration; de même s'il survient de la diarrhée. Les résidus d'un repas à l'autre doivent être soigneusement enlevés. On donne les racines fraîches, coupées en tranches, soit seules, soit mêlées à de la balle de grains ou à de la paille hachée. Si on engraisse des bœufs qui ont été élevés avec des racines, ceux-ci peuvent consommer de suite la pleine nourriture d'engrais sans nuire à leur faculté digestive. Mais si, au contraire, ils reçoivent cette nourriture pour la première fois il est prudent de les y habituer insensiblement. Selon le poids des bœufs, ils peuvent consommer chacun journellement 40 et 50 jusqu'à 80 et 90 livres de pommes de terre, etc., les autres racines en proportion de leur valeur nutritive. Les pommes de terre ont une supériorité marquée pour l'engraissement. Beaucoup d'expériences ont démontré que dans l'engraissement avec les pommes de terre le foin n'est pas nécessaire. Les bœufs ne reçoivent en même temps que de la paille, dont la quantité doit être fixée d'après mes principes généraux sur l'alimentation. Koppe fait donner le matin à 6 heures les racines; après cela on présente un peu de paille ou de foin; alors l'étable est fermée et on abandonne les animaux au repos; à 10 heures, on présente de nouveau de la paille ou du foin et on donne à boire; à 11 heures, une seconde ration de racines et on laisse de nouveau reposer les animaux; à 4 heures, on présente à boire, à 5 heures, la troisième ration de racines et lorsque celles-ci sont consommées, on distribue du foin ou de la paille pour passer la nuit.

Si dans l'engraissement avec les pommes de terre on donne encore du foin comme nourriture auxiliaire, on obtiendra un engraissement meilleur, que si on n'ajoutait que de la paille; mieux encore si on ajoute de la farine de grains.

Relativement aux raisons pour et contre les divers modes de préparation des pommes de terre et surtout aussi à la question de savoir s'il est plus avantageux d'employer dans l'engraissement les carottes crues ou cuites, nous renvoyons nos lecteurs à la *Zootechnie générale*.

§ 204.

Si dans l'engraissement les grains doivent constituer la nourriture principale, celle-ci malgré son action puissante sur l'engraissement reviendrait dans la plupart des cas trop cher, en comparaison

des autres aliments; cet emploi des grains ne
serait pas du tout économique, ce que j'ai déjà
indiqué et démontré dans mes considérations
sur les diverses substances alimentaires. L'emploi des grains comme nourriture principale
d'engrais ne pourrait se justifier que tout au plus,
s'ils étaient à un prix relativement très-bas et si le
bétail engraissé, surtout la qualité meilleure que
l'on obtiendrait avec les grains, se vendait à de
très-bons prix. Par contre, l'emploi auxiliaire du
grain avec une autre nourriture principale d'engrais ne trouve nulle part une application plus
avantageuse que dans l'engraissement des bêtes
bovines. Leur petit volume est très-favorable; le
bétail d'engrais les utilise parfaitement; ensuite il
ne faut pas se contenter de calculer d'après leur
valeur en foin la part que les grains ont prise à
l'augmentation du poids de l'animal; car donnés
même comme nourriture auxiliaire, ils rendent
toutes les parties à vendre, la graisse et la viande
meilleures, plus précieuses et favorisent surtout
l'augmentation de cette partie de l'animal d'engrais,
qui se paye proportionnellement le plus cher, savoir le suif.

Dans l'engraissement les grains se donnent le
mieux après avoir été moulus ou bien trempés. Les
graines des légumineuses sont particulièrement
estimées pour l'engraissement des bêtes bovines.

Les tourteaux de graines oléagineuses dans leurs
effets sur l'engraissement doivent être considérés
comme assez analogues à la farine de grains. C'est
leur prix qui doit déterminer la quantité qu'il convient économiquement de donner. Comme nourriture auxiliaire, ils se recommandent beaucoup
dans l'engraissement, de même que les farines; et

comme celles-ci, ils sont ainsi parfaitement utilisés.

§. 205

Des résidus de certaines industries et particulièrement le résidu de distillerie et la drèche trouvent, dans la plupart des cas, leur meilleure application à l'engraissement. Koppe, d'accord avec mes expériences personnelles, formule le principe suivant : « Si l'engraissement doit se faire complétement avec le résidu de distillerie, celui-ci devra toujours être frais et donné sans être étendu d'eau. On le distribue au bétail à l'engrais, également trois fois par jour comme les racines et toujours en telle quantité, que les animaux puissent le consommer d'un repas à l'autre. L'addition du foin ou de paille est aussi indispensable dans cette alimentation, qu'avec les racines. De vieux bœufs sans défauts organiques, mis au résidu, réussissent beaucoup plus facilement qu'avec les racines. De cette manière aussi le résidu est réalisé à un très-haut prix. Pourtant il faut avouer qu'avec des pommes de terre et du grain on pousse l'engraissement plus loin qu'avec le résidu. Certaines bêtes deviennent très-bonnes par ce dernier ; mais jamais, continue Koppe, je n'ai pu réussir par cette nourriture à amener toute une étable de bœufs à un degré très-haut d'engraissement. » Sans doute que Koppe entend par là, quand l'engraissement a lieu uniquement avec le résidu, avec la seule addition de la paille nécessaire. Mais si on ajoute encore un autre aliment d'engrais, comme des racines, ou bien surtout du bon foin ou regain, et à la fin de la farine, il est possible de rendre par le résidu les animaux très-gras ; on améliore essentiellement la viande et la graisse auxquelles on reproche non sans raison, dans l'engraissement par le résidu seul, d'être trop poreuses, trop peu consistantes, et peu fermes.

Pour ce qui concerne la quantité de résidu qu'un bœuf, pris en moyenne au poids vivant de 1,400 livres, peut consommer, digérer et bien assimiler par jour, on pourrait la fixer à environ 80 ou 100 litres. Mais comme la mesure et la qualité du résidu varie selon la nature et l'épaisseur du mélange, il est plus juste d'exprimer la portion d'après le résidu provenant d'une certaine quantité de matières employées à la distillation et cela réduit en valeur de foin. D'après cela on peut donner sans inconvénient et en ajoutant d'autres aliments à un bœuf d'engrais du poids ci-dessus le résidu provenant de 55 à 70 livres en valeur de foin de la matière à distiller ; ainsi par exemple le résidu provenant de 110 à 140 livres de pommes de terre, ou de 28 à 35 livres de céréales et ainsi de suite. Mais si le résidu doit constituer encore plus la nourriture principale, il faudra en augmenter la ration ; ce qui pourrait être moins économique et d'un résultat moins certain.

Pour les règles de prudence à employer dans l'alimentation du résidu, je renvoie à la *Zootechnie générale* Il faut surtout observer que le résidu est un véhicule précieux pour y faire infuser, sans dépense expresse pour le chauffage, d'autres substances alimentaires, tels que du foin, de la paille etc., pour les rendre ainsi plus digestives et augmenter en quelque sorte leur valeur nutritive.

Comme exemple de combinaison du résidu avec d'autres aliments qui m'a paru être la plus avantageuse pour du bétail d'engraissement, je cite celle qui a été introduite à Hohenheim.

Pour faire infuser le fourrage haché, etc., dans le résidu chaud, il existe un bac, de préférence en pierre.

Le matin, après le repas, on met dans le bac le fourrage haché destiné au repas du soir et du lendemain matin; alors on verse dessus le résidu chaud de telle sorte qu'il y ait du liquide au-dessus du fourrage haché. Le soir on administre la ration fixée de fourrage ainsi trempé, on donne le liquide à boire et alors on verse sur la portion de fourrage restant pour le lendemain matin une nouvelle quantité de résidu chaud, encore une fois de manière à ce que le résidu dépasse en hauteur le fourrage.

Le matin a lieu la distribution du fourrage et la boisson du résidu comme la veille au soir.

Alors on nettoie bien le bac ; et on le remplit de nouveau.

A midi les bœufs reçoivent par tête 8 à 10 livres de foin sec; pour boisson on leur donne du résidu refroidi avec de l'eau.

Dans le dernier repas du soir, on ajoute de la farine.

Si on veut donner en outre des betteraves ou des pommes de terre, la ration journalière pourra être en moyenne (au commencement moins, par la suite plus) pour un bœuf de 1,400 livres vivant de 80 litres de résidu dans le rapport indiqué avec la matière travaillée, 18 livres de foin, 50 livres de betteraves, 12 livres de paille à fourrage et 4 livres de farine de céréales.

La drèche est une substance encore meilleure pour l'engraissement; dans son emploi, il faut moins de prudence, elle s'acidifie moins ; on peut, à côté du fourrage sec nécessaire, en donner sans inconvénient autant que les animaux en veulent manger et peuvent bien digérer.

d. *Ordre des repas et entretien de l'étable pendant l'engraissement.*

§ 206.

Après ce qui a été dit dans les règles générales et puis au § 172 sur l'entretien des animaux relativement à leur application à l'entretien des bêtes bovines, sur la distribution de la nourriture en différents repas et sur le nombre de ceux-ci ; il ne reste plus qu'à faire observer spécialement pour l'engraissement :

Que, comme dans ce régime on veut faire consommer par les animaux autant de nourriture que possible, on doit la diviser en plusieurs repas, ainsi qu'on a vu plus haut, en trois repas principaux, subdivisés à leur tour en plusieurs portions.

Si déjà dans l'alimentation ordinaire, on ne peut assez recommander de tenir strictement aux heures de repas une fois choisies, dans l'engraissement il importe qu'on observe en cela la plus stricte exactitude ; et c'est pourquoi le nourrisseur doit être tout à fait un homme horloge et servir les repas à la minute pour ainsi dire. Sans la plus grande régularité dans les heures et dans la quantité d'aliments à présenter chaque fois, on ne peut pas s'attendre à un bon résultat dans l'engraissement. Thaër dit très-bien : « Le bétail devient inquiet, lorsqu'on n'observe pas ponctuellement l'heure du repas, de même il connaît sa ration ; lorsqu'il l'a reçue et mangée, il se repose, mais s'il ne l'a pas reçue complétement il est agité. Ce repos et la satisfaction qu'il éprouve en recevant sa part à son heure et en juste mesure, favorisent tellement son accroissement, qu'une nourriture beaucoup plus forte, mais donnée irrégulièrement, ne peut pas remplacer le manque d'ordre. »

§ 207.

Le changement d'alimentation ou plutôt la transition de l'alimentation habituelle à l'alimentation d'engrais, doit, d'après mes principes généraux, se faire insensiblement tant sous le rapport de la qualité que sous celui de la quantité. Un animal sera, à la vérité, bientôt à même de consommer le double de nourriture, mais il pourrait être douteux, dans la plupart des cas, qu'il la digère et l'assimile convenablement.

§ 208.

Il convient de diviser le temps de l'engraissement en certaines périodes pour le changement et la transition de l'alimentation en qualité et en quantité ; on pourrait le faire ainsi :

Dans la première période, on donne la nourriture plus volumineuse habituelle, seulement en quantité insensiblement augmentée. Dans cette première période, des boissons chaudes avec de la farine, du son ou du résidu en quantité assez grande, servent très-utilement, surtout chez les animaux maigres, à activer et à distendre les intestins et les vaisseaux.

Dans la seconde période, on donne déjà des rations plus fortes de valeur de foin, mais en nourriture plus concentrée.

Dans la troisième période, on diminue peu à peu la nourriture plus volumineuse qu'on a donnée jusqu'ici, mais on augmente la quantité de matières nutritives en aliments plus concentrés, surtout en grains.

Si on veut pousser l'engraissement au dernier point, on établit une quatrième période où l'on nourrit encore plus fortement, mais avec la nourriture la plus concentrée.

Les animaux à l'engrais deviennent toujours plus friands, dégoûtés à mesure que l'engraissement augmente et vers la fin ils ne consomment plus autant de nourriture qu'au commencement. C'est pourquoi on doit chercher vers la fin à leur faire prendre la plus grande quantité possible de matière nutritive en un volume le plus petit; ce sont les grains qui remplissent principalement ce but; mais, par cette raison, la dernière nourriture d'engraissement devient la plus chère; je reviendrai sur ce sujet plus tard.

La durée de chaque période d'engrais dépend de la durée générale de tout l'engraissement, puis ensuite de la quantité de la nourriture et du degré auquel on veut pousser l'engraissement.

Cela est naturellement subordonné à l'état d'embonpoint dans lequel les bêtes arrivent à l'engraissement. Lorsqu'elles ne sont plus maigres, qu'elles ont déjà un peu de chair, on peut faire moins de périodes, et commencer immédiatement par la seconde.

§ 209.

Le degré auquel on dòit pousser l'engraissement, pour qu'il rapporte économiquement le plus grand profit, dépend entièrement de la circonstance, si les animaux parfaitement engraissés se payent mieux et de combien le prix est supérieur. Le boucher aime, à la vérité, mieux acheter un animal aussi gras que possible, il le payera aussi par livre poids vivant proportionellement mieux qu'un animal moins gras, par la simple raison que déjà il y aura plus de suif qui se vend à meilleur prix que la viande, et qui ne se forme principalement que dans les dernières périodes de l'engraissement. Mais il faut bien tenir compte, que l'augmentation du poids du bétail d'engrais, à partir du moment où on peut déjà le considérer comme bien gras, jusqu'à l'engraissement le plus complet, quoique portant proportionnellement davantage sur le suif, est moindre pour le poids total ; que par contre, comme on l'a vu plus haut, l'animal doit recevoir alors la nourriture la plus chère ; que par conséquent, dans un engraissement poussé loin, ce sont les dernières livres de graisse qui sont les plus difficiles et les plus chères à obtenir ; et que celles-ci ne seront bien payées qu'alors que l'on vendra proportionellement mieux la meilleure qualité de toute la viande et de toute la graisse que l'on aura obtenue par ce moyen.

Il sera, dans la plupart des cas, le plus avantageux de terminer l'engraissement lorsqu'on s'aperçoit que l'animal n'augmente plus comme auparavant, et qu'une bonne occasion se présente pour la vente.

Quand, comme certaines personnes le font, on attache une valeur particulière, je dirai presque un grand amour-propre, à terminer complétement l'engraissement d'un animal, si on ne trouve pas tout de suite à des prix acceptables des acheteurs pour cet animal complétement gras, on court le risque de le conserver dans son état de graisse jusqu'à la vente sans qu'il augmente encore de poids et l'on peut dépenser ainsi une nourriture qui ne rapporte rien.

Nulle part, on ne pousse l'engraissement des animaux aussi loin qu'en Angleterre ; on ne peut guère s'en faire d'idée sur le continent. Mais là, non-seulement on paye la qualité de la viande et le plus haut degré possible d'engraissement à des véritables prix de luxe, mais il y a encore d'autres raisons qui motivent cet engraissement extraordinaire, par exemple, on veut faire concourir ces animaux ; on veut donner à tout son bétail une renommée pour son aptitude à l'engraissement et on s'assure ainsi un placement avantageux de reproducteurs, etc.

La durée de l'engrais doit donc être très-variable. Un bœuf en bon état et pas trop fatigué peut, par un engraissement convenablement pratiqué, devenir assez gras pour la vente en 12 semaines ; naturellement il sera beaucoup meilleur en 4 et 5 mois ; engraissé à ce degré, il sera acheté pour des localités où on attache plus de valeur à une viande de meilleure qualité comme dans les grandes villes. Mais dans des engrais qu'on pousse à un degré comme en Angleterre et en Hollande, avec des animaux qu'on n'emploie pas au travail, mais qu'on tient uniquement pour la viande et la graisse, l'engraissement préparatoire, à la vérité ordinairement sur des pâturages, dure pendant des années, mais même l'engraissement final dure peut-être 6 mois et plus.

§ 210.

D'autres conditions encore sont indispensables pour que l'engraissement réussisse aussi bien que possible :

La propreté dans les aliments, dans les ustensiles, ainsi que les soins particuliers donnés aux animaux dans l'engraissement à l'étable. Les pansements, l'étrillage, l'enlèvement des vieux poils qui dans un engraisssment prospère sont remplacés par des nouveaux paraissent agir d'une manière très-favorable sur le bien-être des bêtes bovines.

Une litière molle, chaude et sèche, surtout une bonne litière de paille, principalement lorsqu'on nourrit avec des aliments succulents, liquides. Lorsque la litière est sèche, les animaux aiment beaucoup à se reposer ; ils ne se lèvent que pour manger et ce repos favorise beaucoup l'engraissement.

Eviter de troubler d'aucune manière le repos entre les repas, donc veiller à ce que l'animal jouisse du calme le plus complet possible.

Les dispositions de l'étable doivent répondre aux exigences principales ; mais particulièrement les étables pour le bétail d'engrais seront plus chaudes et plus obscures que pour l'autre bétail. L'obscurité éloigne, en même temps, des insectes incommodants ; relativement à la température on ajoute en certains endroits foi à ce proverbe : *le froid mange au bétail la nourriture hors du corps.*

3. RAPPORTS DE L'AUGMENTATION DU CORPS PENDANT L'ENGRAISSEMENT.

§ 211.

Le résultat final par lequel on a atteint le but proposé dans l'engraissement, se trouve dans la réponse à cette question :

Dans quel rapport la nourriture consommée réduite en valeur de foin a-t-elle produit une augmentation du corps? et comment le fourrage s'est-il réalisé de cette manière?

Cette dernière question ne sera traitée que plus tard quand j'établirai la comparaison des résultats économiques des divers modes d'emploi des bêtes bovines, je puis pourtant déjà faire remarquer, (d'autant plus que cela influe sur l'appréciation du résultat de l'engraissement qui va suivre), que ce n'est pas seulement l'augmentation du corps de l'animal à l'engrais, ni la valeur en argent de cette augmentation, qui constituent à elles seules le produit économique de l'engraissement ; mais qu'il faut encore compter que le poids total de la viande de l'animal qui existait déjà avant l'engraissement acquiert une valeur commerciale plus grande qui peut approximativement se calculer par livre.

§ 212.

Dans l'appréciation de la valeur d'une bête bovine pour la boucherie, et dans les rapports de poids, dont il s'agit surtout alors, on distingue :

1). Le poids de tout l'animal vivant, ce qu'on nomme le poids vivant.

2). La viande, c'est-à-dire, le poids de l'animal

abattu et divisé en 4 quartiers, après qu'on a enlevé
du corps, la peau, la tête à la première vertèbre cer-
vicale, les pieds aux genoux, les viscères de la poitrine et du ventre, nommément, les poumons, le
foie, le cœur, puis le suif, la graisse à l'intérieur du
corps et au flanc, la graisse aux reins, au cœur et le
long de la colonne vertébrale, à l'épiploon et au dia-
phragme; de telle sorte qu'il ne vient sur la balance
que le tronc vidé et privé du suif, dépecé en 2
quartiers de devant et 2 quartiers de derrière.

Les quartiers de derrière ne pèsent ordinairement
pas tout à fait autant que les quartiers de devant ;
mais plus, disent les Anglais, la forme de la bête
bovine se rapproche de la perfection, plus il s'établit d'égalité entre les deux.

Lorsque, pour la consommation, la viande est
encore trop chargée de graisse, on en sépare une
partie, qu'on ajoute encore au suif ; mais cette partie
de graisse adhérente à la viande même est toujours
comprise dans le poids des quatre quartiers. (Chez
un animal gras, cela peut faire en moyenne 25 livres).

Il en est autrement pour les reins et la graisse
des reins. Dans un pays, par exemple en Allemagne, du moins dans le sud, on compte ceux-ci
qui se montent chez un bœuf d'engrais moyen à
40 ou 50 livres parmi le suif, tandis que dans
d'autres pays, comme en France, ils sont comptés
dans les quatre quartiers. C'est une chose dont il
est essentiel de tenir compte dans les différentes indications des rapports entre la viande et le suif ;
rarement on fait mention de cela, et il en résulte
des conclusions très-erronnées et très-différentes
dans l'appréciation des divers résultats de l'engraissement.

5). Le suif, qui, comme je l'ai dit, est la graisse

consistante prise hors de l'intérieur de l'animal, a chez nous une valeur plus grande que la viande en moyenne.

4). Quand on parle du poids d'abatteur ou du poids de boucher, on compte alors ordinairement la viande et le suif ensemble.

5). Les parties de valeur moindre, les issues, savoir la tête, les viscères, les pieds, ne sont ordinairement pas comptés dans le poids de boucher. Le poids de ces parties chez un animal d'engraissement est loin d'augmenter en proportion de la viande et de la graisse. Il en résulte donc, que par cette raison, plus une bête bovine est engraissée, d'autant plus grande est sa valeur relativement à son poids vivant, sans compter qu'elle livrera proportionnellement plus de suif; de même plus le système osseux, (la tête, les jambes etc.) sera proportionellement léger. Les Anglais ajoutent à cela une importance toute particulière, parce que chez eux la viande a une valeur encore plus grande qu'ailleurs.

6° La peau se pèse à part. Son poids est, proportionellement à la viande, plus fort chez les animaux petits et maigres que chez les animaux plus grands et gras. En général, dans les conditions ordinaires, quand la viande n'est pas d'un prix particulièrement haut, la peau, d'après son poids, se paye mieux que la viande.

§ 213.

On trouve sur les rapports relatifs entre le poids vivant, le poids de la viande, du suif, des issues, de la peau, différents chiffres de proportions. Mais si on compare ces chiffres entre eux, ils diffèrent assez notablement. Aussi ne sait-il en être autrement ; car nous avons vu l'influence que peut avoir sous ce rapport la race à système osseux plus fin, la meilleure méthode d'engraissement, par exemple celle qui, soit par la nature de la nourriture, soit par la durée, etc., produit plus de suif, et enfin surtout la circonstance que tantôt l'un compte dans le suif ce qu'un autre compte dans la viande, que l'un ajoute les issues au poids de boucher, tandis que d'autres les comptent à part, etc. ; ce qui devrait toujours être exactement indiqué, mais ne l'est pas ordinairement.

Mais comme l'agriculteur a principalement à prendre en considération l'appréciation du poids de l'animal vivant, il doit tenir beaucoup à acquérir, sur ce point, quelques connaissances et quelques bases certaines. Depuis un assez grand nombre d'années, j'ai donc cherché à obtenir des rapports moyens à cet égard, et le bétail nombreux de Hohenheim, l'engraissement qui s'y fait, enfin, l'abattage des animaux sur les lieux, m'en ont fourni l'occasion.

§ 214.

Le premier problème à résoudre est de chercher à établir le poids vivant de l'animal. On y arrive par différents procédés :

I. Par l'estimation au moyen du coup d'œil, des mesurages superficiels, l'embrassement des animaux par les bras et le toucher ;

II. Par un mesurage au moyen de dispositions particulières ;

III. Par le pesage de l'animal vivant.

§ 215.

Sur le premier point, les bouchers surtout ont beaucoup d'habitude et de sûreté, parce qu'ils ont naturellement beaucoup d'occasions de vérifier leurs estimations avec le résultat final réel en marchandises de boucherie jusque dans les plus petits détails. Mais comme leur estimation repose ordinairement sur ces observations seules, elles ne se rapportent ordinairement pas au poids vivant, mais plutôt au poids spécial de boucherie.

Ces estimations de bouchers exercés sont souvent d'une exactitude surprenante. Naturellement, pour la graisse intérieure, le suif, aucune méthode d'appréciation de l'animal vivant ne peut donner pleine certitude, car cela dépend trop de la spécialité du bétail et de la méthode d'engraissement.

Si, sous le premier rapport et dans la certitude de l'estimation en général, le boucher, comme acheteur, a quelque avantage ; relativement au dernier point, savoir dans la connaissance exacte de l'animal et de la méthode d'engraissement, c'est l'engraisseur, comme vendeur, qui l'emporte ; pourtant ordinairement l'acheteur habile cherche à se renseigner sur la méthode d'engraissement qui a été mise en usage.

C'est surtout en touchant différentes parties de l'animal, tout en estimant et mesurant le volume du corps, qu'on s'assure du degré de l'état d'engraissement, de la masse probable en viande et en graisse.

Les différentes parties du corps de l'animal qui, au toucher (aux maniements), doivent se présenter pleines, charnues, fermes et grasses pour qu'on conclue à une viande abondante et grasse, ainsi qu'à beaucoup de suif, sont :

1° Tout à côté de l'attache de la queue. Cela serait un indice de beaucoup de suif, parce que là, il y a dans un tissu cellulaire lâche beaucoup de ganglions lymphatiques et qu'aussitôt que ceux-ci s'entourent de graisse, cela prouve qu'il y a partout déjà un dépôt abondant de graisse et principalement à l'intérieur de la cavité abdominale.

2° Sur les os des hanches. Ce qui témoignerait d'une viande parsemée de beaucoup de graisse, parce que le tissu cellulaire qui lie la peau aux parties sous-jacentes ne se remplit de graisse qu'alors que toutes les autres parties du corps se sont enrichies par une nourriture vigoureuse et abondante. Quand ces os sont recouverts d'une couche épaisse de viande, qu'ils sont mous et pâteux, qu'ils paraissent arrondis et qu'on ne peut presque pas les sentir, on peut en conclure que l'animal est gras à l'extérieur et à l'intérieur.

3° Sur les côtes. Preuve de beaucoup de viande parsemée de graisse. Car même, par une nourriture seulement quelque peu abondante, le tissu cellulaire lâche, qui unit les nombreuses couches musculaires sur les côtes. se remplit de graisse. On ne pourrait pourtant en conclure à un dépôt général de graisse à l'intérieur du corps, et on peut s'attendre à une viande bonne et succulente, plutôt qu'à du suif et beaucoup de graisse.

4° Aux replis de la peau, sous les flancs, en avant des cuisses, où ce repli de la peau, ordinairement vide, remplit complétement la main. C'est un signe de graisse, tant à l'intérieur qu'à l'extérieure, parce que les muscles de la peau ne se remplissent de graisse que par une nourriture abondante, et qu'on peut conclure alors à l'existence d'une graisse générale, les autres parties se remplissant de graisse avant celle-ci.

5° Au scrotum ou au pis. C'est également un signe de graisse intérieure, parce que cette partie ne se remplit également de graisse que lorsque toutes les autres en sont suffisamment pourvues. Si le scrotum ou le pis sont tellement pleins qu'on les croirait bourrés, on peut conclure à beaucoup de suif.

6° Derrière l'omoplate. Preuve d'une viande abondante et grasse, parce que les parties de cette région du corps ne se composent que de couches musculaires qui, dans le mouvement et les efforts, consomment beaucoup de matière et que, si elles sont bien charnues, ainsi que les épaules en général, elles annoncent beaucoup de viande.

7° En avant de l'omoplate. Garantie de beaucoup de graisse intérieure, de suif, puisqu'il s'y trouve, outre les muscles, beaucoup de vaisseaux lymphatiques qui ne se montrent remplis de graisse qu'après un dépôt général de graisse.

8° En avant de la poitrine. Témoignage de viande abondante et grasse, car le tissu cellulaire y est très-lâche et demande un dépôt considérable de graisse avant d'en paraître rempli ; c'est pourquoi il accuse alors aussi un dépôt général très-considérable de graisse.

9° Entre les fesses. Indice d'une viande abondante et grasse ; car les nombreuses couches musculaires superposées ne se remplissent de graisse qu'alors que d'autres parties, prenant graisse plus facilement, en ont depuis longtemps une surabondance.

10. Au larynx. Preuve de beaucoup de suif ;

parce que le tissu cellulaire plus fin qui s'étend à cet endroit sur les cartilages du larynx ne se remplissent de graisse que quand il y a graisse générale et qu'alors il annonce beaucoup de graisse intérieure, de suif.

11° Il en est de même à la base des cartilages de l'oreille.

Enfin, il est encore à remarquer : La viande d'un bœuf gras en apparence se présente au toucher lâche et poreuse ; celle d'un bœuf réellement gras apparaît, au contraire, toujours ferme. Chez ce dernier, un boucher se sera rarement trompé, tandis que les animaux, paraissant poreux au toucher, se tuent souvent mal, comme disent les bouchers.

§ 216.

II. L'appréciation, d'après le mesurage du volume et de la longueur, se fait ordinairement suivant les principes de Strachwiz ; mais la formule a déjà subi plusieurs modifications, elle pourrait donc bien manquer de certitude.

On la trouve dans le *Traité d'engraissement des animaux* de Leuch, p. 73 ; elle est modifiée dans l'*Administration rurale* de Veit, vol. II, p. 454.

Le mesurage, d'après le volume, se fait selon Mathieu de Dombasle et a beaucoup attiré l'attention.

Les deux mesurages peuvent fournir quelques données en ce sens que l'agriculteur moins exercé dans l'estimation ne commettra au moins pas de faute lourde dans l'appréciation d'un animal ; mais ils ne se vérifient pas toujours exactement.

Il est clair que, surtout là où le volume seul est pris en considération, il ne peut guère en être autrement, car il est clair que, dans le poids total d'un animal, la longueur doit avoir une influence décisive ; il suffit de quelques mesurages pour se convaincre que la longueur est en rapport assez différent avec le volume ; aussi l'usage pratique des bouchers, lors de l'estimation du poids d'un animal de le mesurer avec les bras étendus, de la poitrine jusqu'à l'arrière-train, en passant au-dessous du corps, ce qui leur donne la mesure de l'ampleur du corps aussi bien que de la longueur, prouve qu'ils ajoutent également de l'importance à cette dernière.

Quand on prend en main une description des différentes races bovines, aussi relativement à leur qualité pour l'engraissement, on trouvera toujours indiqué, surtout par les Anglais, très-experts en cette matière, que l'une est proportionnellement plus forte dans son arrière-train que l'autre. Comparons seulement deux races principales très-connues, celle de Berne et celle de Hollande ; la première a un arrière-train beaucoup plus fort et plus pesant que la dernière.

Il est généralement admis, qu'en moyenne les animaux femelles ont l'arrière-train proportionnellement plus pesant, les mâles ont l'avant-train plus lourd.

D'après cela, on ne peut pas s'attendre dans le mesurage sans considération de l'arrière-train à un résultat toujours juste ; la méthode de mesurage de Mathieu de Dombasle, suppose les quartiers de derrière égaux en poids à ceux de devant.

Le contenu de la viande, des os, du suif possède selon la race, la méthode d'engraissement, d'après sa nature consistante ou poreuse, une pesanteur spécifique différente ; la même masse du corps fixée d'après le mesurage ne présente donc pas toujours un poids égal.

Il résulte de tout cela que la vérification réelle sur beaucoup d'animaux, du poids trouvé par le mesurage, dépend pour le moins de ce que les animaux sont d'une même race, du même sexe, et peut-être aussi qu'ils ont été engraissés à un degré assez pareil.

C'est ainsi qu'il peut se faire, qu'une fois la réalité coïncide d'une manière surprenante avec le résultat du mesurage (si la nature du bétail ressemble à celle du bétail d'après lequel et pour lequel la mesure a été calculée), et lui donne ainsi tout crédit; tandit que d'autres fois elle s'en écarte sensiblement. J'ai obtenu en moyenne par la mesure, au moyen du système Mathieu de Dombasle, un poids qui restait en dessous du poids réel.

Mes observations sur ce point sont confirmées par d'autres. Villeroy dans le *Journal d'Agriculture pratique*, 1845, dit : « Lorsque les bœufs ont été poussés à un assez haut état d'engraissement, la mesure indique ordinairement un poids plus bas que le poids réel, et je me l'explique facilement. Dans le commencement de l'engraissement, la nature travaille surtout sur le système cellulaire de l'extérieur de l'animal, ce qui étend notablement la périphérie. Ce n'est que plus tard que se forme la graisse intérieure, l'animal gagne en poids et en valeur sans que sa périphérie gagne en proportion. »

§ 217.

Le pesage de l'animal est certainement le moyen le plus sûr; mais il faut pour cela des appareils qui ne sont pas toujours à la portée de chaque agriculteur. On a pour cela des balances à bétail. Celle dont on se servait autrefois avec succès à Hohenheim est décrite et dessinée dans le rapport officiel sur la sixième réunion des agriculteurs allemands à Stuttgart, p. 347. La bascule telle qu'on la construit maintenant pour divers usages, sert également au pesage du bétail, ce qui a beaucoup facilité mes expériences.

§ 218.

Quand on connaît une fois d'une manière aussi exacte que possible le poids vivant d'un animal, il s'agit, pour trouver sa valeur pour la boucherie, de connaître les rapports entre la viande, le suif et les autres parties du corps et le poids vivant.

Malgré les nombreuses formules émises par d'autres, je me suis efforcé à Hohenheim de profiter des moyens dont je disposais pour concourir à élucider ces proportions.

En collationnant mes résultats avec les indications des autres, on peut, lorsque la graisse du rognon est comptée avec le suif, comme cela se fait chez nous, admettre le rapport suivant entre le poids vivant et le poids de boucherie; 100 livres poids vivant donnent :

1° Viande et suif.

a. Chez le bétail maigre, 43 à 48 liv. viande, 3 à 4 livres suif, ensemble poids de boucherie 46 à 52 livres.

b. Chez le bétail en bon état, 43 à 50 livres viande, 5 à 6 liv. suif, ensemble 55 à 56 liv.

c. Chez le bétail à demi-gras, comme il se vend ordinairement chez nous, et aussi comme on

pousse ordinairement l'engraissement à Hohenheim, 50 à 52 liv. viande, 8 liv. suif, ensemble 58
à 60 liv.

d. Chez le bétail très-gras, 55 liv. viande, 9 à
10 liv. suif, ensemble 64 à 65 liv.

e. Sur du bétail extraordinairement gras et
d'une conformation particulièrement favorable à
l'engraissement, c'est-à-dire, chez lequel les parties
de moindre valeur (les issues) sont proportionnellement petites, 60 à 65 liv. viande, 10 à 11 livres
suif, ensemble 70 à 76 liv.

Ou bien on peut compter :

Sur 100 livres viande (ne pas confondre avec le
poids vivant) il existe de suif :

a. Chez le bétail en bon état, 8 à 12 liv.

b. Chez le bétail à demi-gras, gras et très-gras,
12 à 18 liv.

2° En parties de moindre valeur ou issues, en
excluant le sang et le contenu des boyaux : la proportion de celles-ci par rapport au poids vivant ou
par rapport au poids de la viande diminue au fur
et à mesure que l'animal est plus fortement engraissé.

D'après nos pesages, il faut compter en moyenne
chez le bétail à demi-gras sur 100 liv. de viande,
22 liv. d'issues.

Chez le bétail mieux nourri et tout à fait gras, la
proportion descend d'après des expériences faites
ailleurs, à 18 liv. pour 100 liv. viande.

3° De même la proportion du poids de la peau
comparé à la viande décroît avec un engraissement
plus fort ; mais ce poids se modifie encore plus
d'après la grandeur de l'animal, en ce sens que la
peau pèse proportionnellement plus chez les petits
animaux que chez les grands. Il n'est donc pas pos-

sible d'indiquer une proportion plus exacte, que de compter pour 100 livres de viande, 10 à 18 liv. de peau.

Les bœufs demi-gras de race indigène ennoblie, d'une taille assez grande (en moyenne de 13 à 1,400 liv. poids vivant) qu'on tue chez nous, donnèrent sur 100 livres poids vivant 6 livres, ou sur 100 livres de viande environ 11 à 12 livres de peau, ou 80 liv. par tête.

§ 219.

Pour ce qui concerne maintenant la question capitale posée plus haut, à savoir : dans quel rapport la nourriture consommée, réduite en valeur de foin, produit une augmentation du poids du corps, cela subit maintes modifications, selon le choix de l'animal, la méthode d'engraissement, etc.

1° Avec la nourriture totale, dans laquelle les aliments de production excédaient, comme d'habitude dans l'engraissement, un peu la nourriture de conservation, chaque 100 livres réduit en valeur de foin produisit en augmentation du poids vivant :

a. Chez des bœufs bien conservés, pas trop vieux, jusqu'à un degré moyen d'engraissement 5 1/10 liv.

b. Chez des bœufs vieux, mais du reste sains, un peu épuisés de travail, 4 à 4 1/2 liv.

Cela concorde assez bien avec les indications suivantes données par d'autres auteurs ;

C'est une proportion assez généralement adoptée que 100 livres valeur de foin en nourriture totale donnent 5 livres d'augmentation du poids du corps.

Thaër admet que l'augmentation du corps pour

100 liv. valeur de foin en nourriture totale s'élève à 5 4/10 jusqu'à 5 1/2 liv.

Dans *l'Administration rurale* de Veit, 2me volume, pag. 446, on peut trouver qu'en forte moyenne, sur un grand nombre d'animaux achetés maigres, engraissés dans cinq différents domaines et avec des aliments tout à fait différents, 100 liv. valeur de foin en nourriture totale produisirent 5 5/10 liv. d'augmentation du poids du corps.

2° La nourriture de production, administrée dans la proportion ci-dessus avec la nourriture totale, donna par 100 liv. réduit en valeur de foin en augmentation de poids vivant ;

a. Chez des animaux très-robustes, dans le meilleur âge et par un engraissement moyen, de 8 jusque près de 10 liv.

b. Chez le même bétail, mais par un engraissement poussé plus loin, 8 liv.

Par contre alors 1 livre poids vivant vaut plus que par un engraissement moins fort.

c. Chez des bœufs plus âgés, fatigués, 6 à 7 livres.

De cette manière on peut en moyenne admettre 8 livres.

M. de Riedesel, d'après ses expériences connues, admet que 10 livres de nourriture de production donnent 1 livre d'augmentation de poids du corps. Mais comme la manière de faire ses expériences le dénote, cela ne se rapporte qu'à l'engraissement de bétail plus jeune et robuste, aussi n'est-ce pas un engraissement formel ; en ce sens il pourrait donc être d'accord avec mes observations.

4. — Engraissement des veaux.

§ 220.

J'ai observé l'engraissement des veaux en Allemagne, surtout aux environs de Hambourg, et puis sur une assez grande échelle en Hollande et en Angleterre. La viande de ces veaux ainsi engraissés est d'une véritable délicatesse, à tel point qu'on ne peut presque pas y comparer celle qu'on obtient de veaux âgés de 3 à 4 semaines et nourris parcimonieusement de lait. Mais dans les contrées citées, cette viande est un article de luxe. Pour qu'elle soit si bonne et qu'on la paye si bien, il faut que le veau soit nourri abondamment avec du lait. Ici, comme dans l'engraissement, la règle est de faire consommer par le veau autant de lait qu'il peut en bien digérer ; parce que plus l'engraissement au lait dure de temps, plus il faut de lait pour la nourriture de conservation qui ne rapporte rien. Sur le mode d'engraissement des veaux, je répéterai ce que j'ai déjà exposé dans mes observations agricoles recueillies durant un voyage aux Pays-Bas (*Correspondenz-blatt des Wurt : landw : Verein's*, année 1830, p. 10) ; j'ai pratiqué depuis, chez nous, cet engraissement sans inconvénient. Le côté économique de la chose sera indiqué dans la récapitulation générale.

Engraissement des veaux en Hollande.

Les veaux sont placés, dès les premiers jours, dans des compartiments étroits en planche, dont il y en a souvent plusieurs l'un à côté de l'autre ; ils ne peuvent s'y mouvoir que fort peu, et tout bonnement se coucher. Le plancher est formé d'un grillage ou bien foré de trous, pour que les animaux y couchent aussi sèchement que possible.

L'espace où ces compartiments se trouvent est tenu dans l'obscurité. Les veaux reçoivent dans des seaux, deux fois par jour, le matin et le soir, du lait à discrétion.

Dans les premiers jours le lait est pur tel qu'il vient de la mère, plus tard il est mélangé de lait de toutes les vaches, mais toujours au degré naturel de chaleur.

Dans ce pays, les veaux à l'engrais ne reçoivent pas d'œufs, en général cela ne paraît se faire que dans peu de cas et pour des raisons particulières, et lorsqu'on donne toujours du bon lait frais, les œufs ne sont nullement nécessaires. On dit que cela échauffe trop les veaux mâles. Un veau boit souvent jusqu'à 20 litres de lait par jour. L'engraissement se fait avec avantage pendant environ 10 à 12 semaines ; la viande est alors aussi la meilleure, et un tel veau peut peser avec la graisse 150 à 180 livres poids de boucherie.

On attribue une valeur particulière à ce que les veaux aient été engraissés uniquement avec du lait frais, sans autres aliments. Afin qu'ils ne puissent pas même mâcher la paille de la litière, ou on ne leur en met pas du tout, ou bien on leur place des muselières.

Les bouchers reconnaissent de suite à l'extérieur du veau s'il a été élevé exclusivement avec du lait ; il faut que l'œil, et toutes les parties internes qu'on peut voir à l'extérieur, par exemple, l'intérieur de la bouche, des paupières soient blanches.

Quelques remèdes particuliers s'appliquent à ces veaux :

Quand un veau est ballonné, on donne de l'anis ;

Quand il ne veut plus boire, des écailles de moules pilées, (probablement sont-ce les parties calcaires qui agissent) ; ou bien on leur tire du sang à l'oreille.

Quand il a la diarrhée, on se contente de donner moins de lait, ou d'ajouter à celui-ci un peu d'eau.

Pour prouver qu'ici encore il arrive que 10 livres valeur de foin en nourriture de production en lait, produisent une augmentation corporelle de 1 livre, je citerai l'exemple suivant :

En 1839, à Hohenhein, un veau fut élevé pendant 2 mois et six jours avec du lait seul.

Il pesait à sa naissance 101 livres ; au moment de le tuer il pesait vivant 262 livres ; il avait donc augmenté de 161 livres.

Il avait reçu en tout en lait, depuis 3 litres par jour jusqu'à 20 litres, 876 litres ; ou 1,752 livres.

Voici comment on calcule la nourriture de conservation. La moyenne du poids vivant était

$$\frac{101 + 262}{2} = 181 \text{ livres.}$$

Comme nourriture de conservation, il faut par jour 1/60 du poids vivant en valeur de foin ; comme 1 livre de lait égale 1 livre de foin, il fallait donc 3 livres de lait par jour, ce qui fait pour 61 jours 183 livres de lait. Des 1,752 livres de lait consommés, il reste comme nourriture de production 1,569 livres, 10 livres de celle-ci doivent donner 1 livre de viande, ainsi ; 157 livres.

Le veau s'était accru en réalité de 161 livres.

III. — Emploi des bêtes bovines à la laiterie.

§ 221.

Le but général de la laiterie est d'augmenter, autant que possible en quantité et en qualité, la production du lait, dans le rapport le plus favorable avec la dépense de nourriture, et de tirer du lait le parti le plus avantageux.

Dans beaucoup, presque dans la plupart des cas, la laiterie constitue le but principal de l'élève et de l'entretien des bêtes bovines; mais ne fût-elle pas le but principal, on tient néanmoins presque dans chaque exploitation des vaches laitières, soit pour ses propres besoins, soit pour l'élève du jeune bétail. La comparaison des résultats économiques avec ceux des autres modes d'emploi des bêtes bovines ne trouvera sa place qu'à la fin.

Je considère ici tout ce qui est principalement important pour l'exploitation de la laiterie, savoir :

Le lait en général ;

La qualité du lait, et ce qui influe sur elle ;

La quantité de lait, et ce qui la détermine, surtout le choix des vaches, l'alimentation et l'entretien, la traite ;

Les différents modes de tirer parti du lait, entr'autres le débit du lait, la fabrication de beurre et de fromage.

1. LE LAIT.

a. *Éléments constitutifs du lait.*

§ 222.

Je communiquerai ici les investigations de Schubler sur le lait, mes observations pendant une longue pratique, ainsi que le résultat d'autres recherches relatives à ce sujet.

Le lait frais et sain est ce liquide connu, d'une couleur blanche, opaque, d'un goût agréable et doux, d'une odeur particulière peu marquée, liquide qui est produit ou sécrété dans le pis, et destiné d'abord à la nourriture des animaux nouveau-nés. Ses éléments principaux sans analyse chimique plus profonde sont une substance grasse (le beurre), de la caséine (le fromage et le petit-lait), du sucre de lait et de l'eau.

Ces parties sont contenues dans le lait et peuvent en être séparées de la manière suivante :

La graisse, le beurre se trouve dans le lait au moment de sa sortie du pis en globules de grandeurs diverses, qui sont clairement visibles au microscope, et qui, en raison de leur poids spécifique léger, ont plus ou moins de tendance à s'élever à la superficie du lait; il est tout formé dans le lait, cette substance se trouve à l'intérieur de ces globules comme une moelle, entourée d'une membrane blanche, transparente, mince, élastique et résistante.

Si on laisse séjourner dans un vase le lait fraîchement extrait, cette graisse s'élève insensiblement au-dessus du lait, et s'amasse à la superficie sous le nom de crème. L'autre partie caséeuse du lait se coagule, et apparaît ainsi d'une consistance plus épaisse. Une température plus élevée accélère la séparation de la crème, et la coagulation du lait. Par une température de 12° Réaumur, 24 heures suffisent pour séparer la crème du lait. Par une température plus élevée cela a lieu plutôt, par une température plus basse cela retarde.

Le caséum forme dans le lait une dissolution

opaque, jamais claire : il donne au lait sa couleur blanche ; après que le caséum a été séparé au moyen d'un coagulant, le petit-lait apparaît sous forme d'une solution liquide verdâtre, claire et transparente ; si on expose ce liquide à l'ébullition il redevient blanc et opaque, et se nomme lait de fromage ; si on ajoute alors un acide par exemple du vinaigre, le caséum se sépare en beaucoup de petits flocons ; le liquide clair qui reste forme le petit-lait, dont on extrait le sucre de lait par évaporation. Ce dernier contient encore un peu de mucus, de l'acide lactique, du chlorhydrate et de l'acétate de potasse, et des phosphates terreux.

Voici la proportion de ces parties, d'après Schubler, qui a expérimenté en grand sur du lait provenant de vaches tenues à Hofwyl à un très-bon régime d'étable :

1000 parties de lait contiennent :

24	»	de beurre.
110	»	de fromage frais.
50	»	de petit lait.
77	»	de sucre de lait cru, renfermant les subtances indiquées.
739	»	d'eau.
1000		

Pourtant il fait observer avec raison, que des différences de localités, d'alimentation, de climat etc, peuvent amener des modifications notables à ces proportions ; et comme exemple il cite des analyses faites en Suède par Berzelius, où le lait contient considérablement moins de beurre et de fromage. Je reviendrai à l'occasion de la qualité du lait dans les divers pays à une comparaison avec les résultats ci-dessus. En général, on peut admettre

que les contrées et les climats qui conviennent d'une
manière générale à la prospérité des bêtes bovines
sont aussi ceux qui sont le plus favorables à la production du lait et de ses éléments, ainsi les pays
modérément chauds et humides.

b. *La qualité du lait et ce qui exerce de l'influence
sur elle.*

§ 223.

La qualité du lait se juge d'après la quantité et
la bonté des éléments les plus précieux, le beurre
et le fromage, qu'il contient. La qualité du lait varie
beaucoup et cela est beaucoup plus important qu'on
ne croit généralement, lorsqu'on veut en tirer parti
par le beurre et le fromage.

La qualité dépend de circonstances multiples :

De la race des vaches, ainsi qu'on l'a vu dans
l'exposé des différentes races bovines.

De l'individualité de l'animal, dans la même
race ; et sous ce rapport *de l'âge des vaches.* On
admet le plus généralement que des vaches vieilles
donnent un lait plus consistant que des bêtes plus
jeunes, mais en quantité moindre. Le lait qui paraît le meilleur est celui qui provient de vaches qui
ont mis bas leur troisième veau.

Des aliments. J'ai fait des observations à cet
égard en traitant des divers aliments. En général,
on peut le résumer ainsi : des plantes vertes qui
ont crû à sec sur un sol bon et vigoureux donnent
du meilleur lait, surtout en parlant de pâturages et
de prairies, que celles provenant d'un sol maigre,
acide et humide. Les racines produisent un lait

maigre, par contre, du bon foin fournit un lait plus consistant; il en est de même des grains.

Relativement à l'influence qu'exerce la stabulation pendant l'été, comparée au pâturage, sur la qualité du lait par rapport à sa richesse en beurre, il existe une expérience parfaitement suivie, qui a été faite par ordre de la Société agricole du Hanovre.

D'après celle-ci il a fallu pour une livre de beurre :

1. Dans le régime de stabulation.
   a. Par une nourriture de trèfle. 15,00 quarts (1) de lait.
   b. En nourrissant de vesces et
      de trèfle 15,67   »
2. Dans le régime du pâturage. 12,84   »

Climat et saison. Comme ils agissent sur la nourriture, ils agissent également sur le lait. Au printemps (en mai) avec du trèfle et de l'herbe fraîche, etc., le lait est plus riche en parties butyreuses que pendant la chaleur de l'été; de même encore au commencement de l'automne (en septembre).

Le temps écoulé depuis le vélage. Le lait des vaches ayant mis nouvellement bas est plus mince, peu à peu la qualité s'améliore et la quantité diminue; à une époque avancée de la gestation, la qualité diminue de nouveau; c'est dans le troisième mois après le vélage que le lait paraît être le meilleur.

En général on remarque que *la qualité du lait est en rapport inverse de la quantité,* c'est-à-dire, que plus la vache donne de lait, que ce soit le fait de la race, de l'individu, du vélage récent, etc.; moins la qualité est ordinairement bonne.

(1) Le quart hanovrien = 0,975 litre.

Combien de temps le lait a mis à être préparé dans le pis ? Autrefois, on admettait qu'il fallait au lait un certain temps de séjour dans le pis, pour arriver à maturité, c'est-à-dire, pour devenir convenablement gras ; que les parties crèmeuses se formaient plus lentement ; qu'en trayant les vaches trois fois par jour, le lait obtenu était plus mince le soir et le matin, que si on ne faisait la traite que deux fois. Mais ces suppositions ne s'accordent point avec les nouvelles données chimiques. (*Voyez plus bas*).

Pendant la traite, le premier lait est plus mince, moins consistant, le dernier lait est le plus gras.

Schubler a fait traire le lait d'une vache dans cinq vases différents d'après un certain ordre et a trouvé :

	Poids spécifique.	Crème contenue	
Premier lait . . .	1,0340	5	pour cent.
Deuxième lait . .	1,0334	8	»
Troisième lait . .	1,0327	11,5	»
Quatrième lait. .	1,0315	13,5	»
Cinquième lait. .	1,0290	17,5	»
Moyenne. . . .	1,0321	11,5	»

Même écrémé, le lait extrait en dernier lieu est plus consistant que celui tiré le premier.

Le dernier lait donne surtout des fromages particulièrement bons, et, en Angleterre, où on recherche avec raffinement tous ces produits et fabricats exquis, on fabrique en certains endroits des fromages uniquement avec ce dernier lait, qu'on tire à part.

Pour examiner la qualité du lait, on a déjà proposé différents lactomètres. Je les ai essayés plus ou moins tous. Mes observations concordent avec celles d'autres auteurs sur les points suivants :

Ces lactomètres sont, en général, de triple espèce ; ainsi, ils indiquent soit la pesanteur spécifique du lait, soit son degré de transparence, soit enfin immédiatement son contenu en crème. Les instruments de la première espèce sont disposés tout à fait de la même manière que les autres aréomètres pour des liquides qui sont plus pesants que l'eau. A la partie supérieure du tube, se trouve le point, jusqu'où ils s'immergent dans l'eau pure. Donc plus ils descendent profondément dans un lait qu'on veut examiner, plus celui-ci est léger et meilleur d'une manière générale, pour autant que cette légèreté plus grande dépend de la quantité de crème qu'il contient. (Le beurre lui-même à l'état frais n'a qu'une pesanteur spécifique de 0,902.) C'est ainsi que Schubler a trouvé pendant les mois d'été et au régime du vert les rapports suivants entre la crème contenue et le poids spécifique du lait :

19 p. c. de crème par 1,0309 poids spécifique du lait.
16 »   »   1,0318   »   »
15 »   »   1,0327   »   »
 9 »   »   1,0334   »   »
 7 »   »   1,0340   »   »

Pendant les mois d'hiver pourtant, par une mauvaise nourriture, on obtient ordinairement beaucoup moins de crème, quoique le poids spécifique ne diffère souvent que très-peu. C'est pour cette raison que l'aréomètre, qui se recommanderait surtout par la facilité avec laquelle il se manie, n'est pas tout à fait propre à renseigner suffisamment le cultivateur sur la qualité de son lait.

Ajoutons à cela, qu'il ne peut s'appliquer qu'à l'exploration du lait dont on est certain d'avance qu'il se trouve pur de toute falsification et particulièrement qu'on n'y a pas ajouté d'eau. Pour explorer si un lait possède encore toute sa crème et qu'on n'y a pas ajouté d'eau, un tel instrument ne convient pas, parce que le poids spécifique modifié par l'enlèvement de la crème peut se trouver rétabli en ajoutant de l'eau.

Un instrument de la seconde espèce a été indiqué par le docteur Donné, à Paris, sous le nom de lactoscope. On y part de ce principe que le lait doit sa couleur blanche, mate, aux globules de la substance grasse y contenue, et qu'il renferme d'autant plus de crème qu'il est moins transparent. Pour mesurer le degré de cette opacité, l'instrument du docteur Donné se compose de deux plateaux en verre parallèles, entre lesquels on met une petite quantité du lait qu'on veut examiner. On rapproche alors les plateaux jusqu'à ce qu'on ne voit plus la flamme d'une bougie placée sur une table à une certaine distance. Sur un cercle gradué, on lit alors l'épaisseur de cette couche, et au moyen d'une table additionnelle on trouve la quantité de crème correspondante à cette épaisseur. Cette table repose naturellement sur une série d'expériences faites avec l'instrument. Quelqu'ingénieuse que soit l'idée sur laquelle le lactoscope est basé, les essais qui en ont été faits jusqu'ici ne parlent malheureusement ni pour la facilité de son maniement ni pour l'exactitude des résultats. C'est, en outre, un instrument qui n'est pas à bon marché.

D'une valeur pratique beaucoup plus grande, sont les lactomètres destinés à indiquer la quantité de crème par sa séparation directe du lait. Ces crèmomètres, tels qu'ils ont été indiqués par Schübler, Neander et plus tard par Banks en Angleterre, consistent tout bonnement en un vase à pied cylindrique, environ d'un pied de longueur, d'un diamètre de 1 à 2 pouces, et gradué à l'extérieur. Cette échelle divise l'espace intérieur en parties centésimales, et lorsqu'on remplit le verre de lait, et qu'on l'y laisse reposer jusqu'à ce que toute la crème s'en soit complétement séparée, on voit immédiatement à la ligne de séparation entre la crème et le lait, combien la première forme de parties pour cent du tout.

Un crèmomètre encore plus simple et sans verre gradué, que chaque agriculteur peut facilement faire soi-même, a été indiqué à la réunion des agriculteurs allemands par Voigt à Kahla. Une planche d'une longueur d'environ deux aunes et d'une largeur d'une demi aune possède à ses deux extrémités deux bâtons montants d'une hauteur de 15 pouces. D'un bâton à l'autre sont tendus des fils éloignés l'un de l'autre d'un huitième de pouce. Lorsqu'on veut comparer le lait de 5 ou 6 vaches, on prend autant de verres à bière lisses de hauteur et de largeur égales; on remplit chacun de lait exactement à la même hauteur, et on place les verres sur la planche. On les pousse alors contre les fils tendus; tous les verres se trouvent divisés en parties égales, et il est facile de voir combien de crème s'est séparée et quelle est la vache qui donne le lait le plus gras. Cet appareil n'indique pas à la vérité par centièmes la quantité de crème, pourtant il peut suffire dès qu'il ne s'agit que de l'examen comparatif du lait de plusieurs vaches; on ne peut également méconnaître que la plus grande quantité de lait soumise ici à l'examen est favorable à une séparation plus complète de la crème.

Les lactomètres peuvent fournir des renseignements très-précieux, pour juger la valeur du lait d'après son contenu en crème, par conséquent aussi pour juger la valeur des vaches et de tout un bétail ; mais il faut alors tenir suffisamment compte de tout ce qui peut influer sur la qualité du lait. Pourtant dans la pratique, ces lactomètres pèchent en ce qu'on ne peut par leur moyen reconnaître les différentes qualités de la crème elle-même, ni le caséum contenu dans le lait, et que par conséquent on est obligé de recourir à l'exploration, c'est-à-dire, de faire du beurre et du fromage avec ce lait que l'on veut examiner ou comparer.

Pour ce qui concerne le poids spécifique du lait, Schubler est arrivé au moyen de l'aréomètre aux données suivantes, le poids de l'eau pris pour 1000 :

Lait ordinaire de vaches	1032
Lait gras	1028
Crème.	1012
Lait bleu écrémé	1036
Petit-lait	1027
Lait de beurre.	1036

Comme, d'après cela, l'eau est plus légère et que le lait le plus gras est aussi le plus léger, en ajoutant de l'eau au lait, il devient meilleur d'après l'aréomètre ; c'est pourquoi, comme je l'ai dit, l'aréomètre ne convient pas pour l'exploration du lait.

§ 224.

Ce qui a été dit sur la qualité du lait a été reconnu auparavant sans analyses chimiques. Mais ici encore les chimistes nous viennent en aide, ce dont nous devons profiter; aussi je communique ici les renseignements que je dois à l'obligeance du professeur Dr Wolff.

Le lait des vaches a été, dans les derniers temps, très-souvent soumis à des analyses chimiques, et les résultats de celles-ci ont démontré qu'il subissait dans sa composition des variations considérables, d'après le mode d'alimentation, la race et l'âge des animaux, d'après la quantité de lait journalièrement sécrétée, d'après le temps de la traite, etc.

	RACE DE FRISE ORIENTALE				RACE DE MONTAFON.			
	GIRARDIN. Alimentation d'été.	GIRARDIN. Alimentation d'hiver.	BOEDICKER. Alimentation d'hiver.	STRICKMAN. Alimentation d'hiver.	CRASIUS. Alimentation d'hiver.	WOLFF. Alimentation d'hiver.	WOLFF. Alimentation d'été.	RITTHAUSEN. Alimentation d'hiver.
Eau.	85 08	86.07	88.22	89 20	88 5	87.48	87.08	87,68
Caséine.	4 95	6.14	2.50	2 56	3.71	4 11	9.52	4.19
Albumine.	0 58	0.52	0.62	0.52	0.59	—		—
Sucre de lait.	4.57	5.00	4.41	4 72	4.2	3.12		4.97
Sels.			0.81	0.72	0.8			
Beurre.	5.02	2 48	5.64	2.65	6.2	3.29	3.60	3.16

Par un mode d'alimentation absolument pareil, non-seulement des animaux de race différente, mais aussi des individus différents de la même race

produisent du lait de composition très-variable.
C'est ainsi que Keyser trouva dans le lait :

FIN SEPTEMBRE.	VACHES de Montafon.		VACHE hollandaise.
	N° 1.	N° 2.	
Nourriture principale, regain			
Substances sèches.	12.47	12 49	11.58
Eau	87.53	87.51	88.62
Beurre	5.13	5.59	2.53
AU MILIEU D'OCTOBRE.			
Nourriture princ. feuilles de betteraves			
Substances sèches.	11.50	12.08	11.04
Eau	88.70	87.92	88.96
Beurre	2.60	2.88	2.20

Les analyses suivantes, faites par Wolff, sont à
même de nous renseigner sur l'influence, qu'ont
sur la bonté du lait, et surtout sur sa contenance en
beurre, la quantité du lait sécrété et le temps de
la traite. Le lait fut pris de deux vaches de la race
de Montafon, l'alimentation était une nourriture
normale d'hiver. Les observations commencèrent
bientôt après le sevrage, environ 6 à 8 semaines
après le vêlage.

| | LAIT DU MATIN. | | | LAIT DU SOIR. | | |
	QUANTITÉ de lait produit.	SUBSTANCES sèches.	BEURRE.	QUANTITÉ de lait produit.	SUBSTANCES sèches.	BEURRE
	liv. onces	p. cent.	p. cent	liv. onces	p. cent.	p. cent.
20 janvier .	16 7	11 85	5 04	15 —	12 25	5 09
28 »	16 5	12 45	5 20	13 11	12 77	5 58
5 février .	17 5	12 16	5 12	15 12	12 55	5 55
10 »	17 7	12 49	5 29	15 13	12 58	5 58
17 »	15 15	12 20	5 07	14 5	12 75	5 46
24 »	16 5	12 26	5 15	14 10	12 54	5 56
2 mars . .	16 6	12 50	5 15	15 —	12 67	5 56
10 »	15 8	12 48	5 25	16 2	12 48	5 24
18 »	15 5	12 48	5 26	15 12	12 62	5 54
24 »	15 12	12 52	5 22	14 4	12 45	5 55
51 »	15 9	12 78	3 51	14 7	12 92	3 64
7 avril . .	14 6	12 75	5 55	15 15	12 84	5 60
14 »	14 11	12 61	5 25	15 12	12 68	5 22
21 »	14 8	12 77	5 45	14 6	12 68	5 46
28 »	13 10	13 04	5 68	15 8	12 88	5 66
5 mai . . .	15 10	12 78	3 55	12 15	12 86	5 48
12 »	15 7	12 74	5 42	15 15	12 76	5 42
Moyenne . .	15 5	12 50	5 29	14 6½	12 66	5 42

A partir du 15 mai, on passa insensiblement à
la nourriture du vert, et on remarqua des changements dans la quantité et la qualité du lait.

	LAIT DU MATIN.			LAIT DU SOIR.		
	QUANTITÉ produite	SUBSTANCES sèches.	BEURRE	QUANTITÉ produite.	SUBSTANCES sèches.	BEURRE
	liv. onces	p. cent.	p. cent.	liv. onces	p. cent.	p. cent.
19 mai. . .	12 15	12 91	3 67	14 10	12 91	3 58
26 »	14 14	12 49	3 40	16 12	12 61	3 55
2 juin. . .	15 6	12 72	3 57	15 8	12 87	3 67
9 »	15 7	12 98	3 76	15 13	12 99	3 82
16 »	14 8	12 98	3 58	14 13	13 11	3 79
25 «	15 15	12 15	2 92	14 11	13 01	3 68
28 «	12 12	12 51	3 24	—	—	—
30 «	11 3	13 06	3 55	11 14	13 34	3 86
2 juillet. .	—	—	—	12 11	13 11	3 65
4 »	—	—	—	15 6	13 47	3 97
7 »	11 8	13 38	3 68	—	—	—
Moyenne. .	13 2	12 85	3 55	14 1	13 03	3 75

On n'a pas indiqué ici, combien le lait contenait
de caséum et de sucre de lait, parce que cette quantité s'est trouvée très-constante dans les expériences ci-dessus, savoir : le caséum à 4 et le sucre
à 3 pour cent. On voit qu'au commencement de
cette série d'expériences, la quantité du lait du
matin dépassait celle du soir de 2 à 3 livres, vers
la fin de février cette différence diminua jusqu'à
une à 2 livres, au commencement de mars jusqu'à
2 livres, et au milieu de mars cette différence était,

pour ainsi dire, égalisée, tandis que plus tard et surtout dans les mois d'été il y avait en moyenne un excédant en faveur du lait du soir. La raison de ce fait est que l'intervalle d'une traite à l'autre n'a pas toujours été le même pendant la durée des expériences; dans les courts jours de l'hiver, on faisait la traite le matin vers cinq heures seulement et le soir souvent déjà avant 4 heures; à l'approche des jours plus longs, le moment de la traite, 4 heures du matin et 4 heures du soir, était observé toujours plus exactement jusqu'à ce qu'au printemps et en été, l'intervalle entre la traite du matin et celle du soir était plus long qu'entre la traite du soir et celle du matin. Si l'heure de la traite avait été observée d'une manière constante, on aurait trouvé partout dans chaque semaine, à de bien petites variations près, la même quantité de lait le matin que le soir.

Il résulte de ces analyses du lait du matin et du lait du soir, faites chaque semaine, que pendant l'alimentation d'hiver le premier contenait un peu moins de substance sèche et surtout de beurre, que le dernier, alors qu'il présentait sous le rapport de la quantité un avantage; aussitôt que les différences, existant sous ce dernier rapport, vinrent à cesser, les variations de quantité entre le lait du matin et celui du soir cessèrent aussi complétement. Ces observations viennent confirmer ce fait que le lait, du moins pendant l'alimentation d'hiver, en séjournant plus longtemps dans le pis augmente à la vérité en quantité, mais diminue en qualité, c'est-à-dire, qu'il contient moins de beurre pour cent parties de lait, mais plus d'eau. Il paraîtrait donc que le beurre se forme d'abord en plus grande, et plus tard en moindre quantité.

Ces mêmes observations ont été faites par Boedeker
et Streckman pendant l'alimentation d'hiver sur
des vaches de race frisonne :

	FÉVRIER.		AVRIL.		
	LAIT du matin.	LAIT de midi.	LAIT du matin.	LAIT de midi.	LAIT du soir.
Eau	89,75	88,22	89,97	89,20	86,60
Beurre.	2,43	3,64	2,17	2,63	5,42
Sucre de lait . .	4,10	4,41	4.50	4,72	4,19
Acide lact. libre.	—	—	0,05	0,05	—
Sels minéraux. .	0,75	0,81	0,85	0,72	0,78
Albumine	0,44	0.62	0,44	0,52	0,51
Caséum	2,53	2,30	2,24	2,36	2,70
Poids spécifique.	1,039	1,038	1,038	1,040	1,036

Les différences dans la qualité du lait sont ici
encore bien plus considérables que dans les expériences de Wolff, et sont peut-être dues à la race,
à l'individualité ou à une alimentation différente de
l'animal. La traite se faisait le matin entre quatre
et cinq heures, à midi entre midi et une heure et
le soir entre six et sept heures ; le lait du matin
s'était donc accumulé dans le pis de la vache pendant un intervalle de neuf heures, le lait du midi
pendant huit heures, et le lait du soir pendant
sept heures.

Durant l'alimentation d'été, Wolff a également
trouvé le lait du soir plus riche en beurre que le
lait du matin, quoique la quantité de ce dernier fût

en moyenne plus petite que celle du premier ; il paraît donc qu'en été une plus grande quantité de lait et, par conséquent, un séjour plus prolongé dans le pis de la vache n'agit pas d'une manière aussi défavorable sur sa qualité qu'en hiver. Probablement que l'alimentation plus riche des vaches pendant l'été et la nourriture du vert, de digestion plus facile, ont pour effet que le lait, qui s'accumule pendant le jour, est, dans toutes les circonstances, plus riche en beurre que celui qui est produit la nuit.

En général, dans la même race et dans la même alimentation, le lait produit en abondance par de bonnes laitières est un peu plus aqueux que celui des mauvaises laitières. Cela est confirmé par les observations suivantes, faites par M. F. Crusius. Elles donnent également des éclaircissements sur la qualité du lait, immédiatement après le part des vaches et sur sa transformation insensible en lait normal.

JOURS APRÈS LE VÊLAGE.	SUBSTANCE sèche.	EAU.	BEURRE.	SUCRE.	ALBUMINE.
MAUVAISE VACHE LAITIÈRE, N° 1.					
Immédiatement après	38,4	61,6	8,4	0	15,5
1er jour.	30,1	69,9	5,9	0,2	15,7
2e »	25,1	76,9	6,2	0,9	10,9
3e »	15,3	84,7	4,0	2,5	8,6
4e »	14,9	85,1	4,5	5.6	5,1
5e »	13,7	86,5 .	5,7	5,9	5,4

JOURS APRÈS LE VÊLAGE.	SUBSTANCE sèche.	EAU.	BEURRE	SUCRE.	ALBUMINE.
6e jour	12,9	87,1	5,0	4,5	2,0
7e »	12,5	87,5	2,5	4,2	2,1
8e »	12,7	87,5	5,1	4,5	1,7
14e »	12,6	87,4	2 5	4,5	1,6
21e »	12,1	87,9	2.5	4,6	0,9
28e »	12,4	87,6	2,6	4,4	0,7

MAUVAISE VACHE LAITIÈRE, No 2.

JOURS APRÈS LE VÊLAGE.	SUBSTANCE sèche.	EAU.	BEURRE	SUCRE.	ALBUMINE.
Immédiat. après le vêlage. .	22,5	77,5	4,1	1,7	8,5
1er jour, soir	18,9	81,1	4,0	2,2	6,5
2e » matin.	16,5	85,7	5,7	5,5	5,0
2e » soir.	15,9	84,1	5,5	5,5	4,4
5e » matin.	15,0	85,0	5,0	5,9	5,8
5e » soir.	14,5	85,5	5,5	4,5	5,0
4e » matin.	12,9	87,1	2,8	4,5	2,8
4e » soir.	12,7	87,5	2,5	4,5	2,2
5e » matin.	12,1	87,9	1,9	4,8	1,8
5e » soir.	12,6	87,4	1,7	4,7	1.9
6e »	12,5	87,5	2,3	4,7	2,0
7e »	15,0	87,0	2,8	4,6	1,9
14e »	12,6	87,4	5,0	4,5	1,5
21e »	12,5	87,5	2.7	4,8	0,6
28e » . . . . : .	12,6	87,4	2,5	4,5	0,6
55e	12,9	87,1	2,8	4,5	0,6

JOURS APRÈS LE VÊLAGE.	SUBSTANCE sèche.	EAU.	BEURRE.	SUCRE.	ALBUMINE.
BONNE VACHE LAITIÈRE, N° 1.					
Immédiat. après le vêlage. .	16,7	85,5	5,7	2,5	4,1
1er jour	14,5	85,5	5,6	2,9	5.6
2e »	14,1	85,9	5,1	5,5	2,4
5e »	15,2	86,8	5,2	4 1	1,7
4e »	11,9	88,1	5,0	4,5	1,7
5e »	11 7	88,5	5,1	4,0	1,1
6e »	11,8	88,2	2,9	4,1	0.6
7e »	11,7	88,5	5,0	4,0	0,4
BONNE VACHE LAITIÈRE, N° 2.					
Immédiat. après le vêlage. .	14.2	85,8	2,5	2.9	4,7
1er jour	15,1	86,9	2,5	5,5	2,9
2e »	12,5	87,6	2,1	4,1	2,0
5e »	11,6	88,4	2,7	4,5	2,0
4e »	11,7	88,5	5,1	4,5	1,7
5e »	11,4	88,6	2,8	4,2	1,9
6e »	11,4	88,6	5,2	4,1	1,0
8e »	11,2	88,8	2,4	4,5	0,8
15e »	11,5	88,7	2,6	4.6	0,5
21e »	11,7	88,5	2,5	4.5	0,4
29e	11,5	88,5	2,9	4.5	0,5
55e	11,5	88,7	2.7	4.5	0,4

D'après ces analyses, les substances solides étaient les plus nombreuses dans le lait immédiatement après le vêlage et diminuaient partout assez régulièrement jusqu'au quatrième ou septième jour, et à partir de là, elles restaient les mêmes, à peu de variations près. D'une manière analogue, le beurre diminua d'un maximum immédiatement après le vêlage, jusqu'à la même époque (quatrième au septième jour); pour rester à partir de là plus ou moins constant; car il variait plus que les autres substances, mais sans régularité. Il résulte ensuite qu'immédiatement après le vêlage, le sucre de lait est au minimum de sa quantité (qui est d'autant plus petite que le lait contient plus de substances sèches) et que sa quantité relative paraît devenir assez constante dès le troisième ou quatrième jour. L'albumine contenue dans le premier lait a pour effet d'augmenter la quantité relative totale en protéine; tandis que les autres éléments du lait deviennent déjà constants sous le rapport de leurs quantités relatives du quatrième au septième jour après le vêlage, la quantité relative de l'albumine diminue à ce qu'il paraît plus lentement et ne devient constante que dans la deuxième ou troisième, quelquefois même dans la quatrième semaine. D'après les observations rapportées, l'albumine diminue plus lentement chez les vaches qui ont un colostrum contenant beaucoup de substances sèches, et il devient plus tardivement constant, que chez les vaches dont le lait offre déjà immédiatement après le vêlage la quantité à peu près normale de substances sèches. Enfin, ce qui est encore remarquable, c'est la grande différence dans la composition du colostrum chez les différentes vaches, et il paraît que des vaches avec

beaucoup de lait donnent un colostrum moins
épais que des vaches moins productives en lait.
De même, ces analyses confirment l'observation
faite en d'autres endroits, que des vaches abon-
dantes laitières donnent normalement un lait plus
aqueux que de faibles laitières, et cela non-seulement chez des bêtes de races différentes, mais encore dans la même race. La valeur en substances
sèches du lait de deux vaches qui donnaient par
jour de vingt à vingt-six livres de lait, était d'un à
deux pour cent plus faible que chez deux vaches qui
ne produisaient par jour que douze à seize livres.

§ 225.

Un lait bon, c'est-à-dire gras et consistant,
présente une couleur jaunâtre, tandis qu'un lait
mince, c'est-à-dire maigre et sans consistance, est
de couleur bleuâtre. Le beurre suit la même couleur. Un lait avec beaucoup de parties caséeuses
est d'un blanc épais.

Les altérations du lait se rapportent, soit à sa
quantité, soit à sa qualité; souvent, et c'est l'ordinaire, les deux altérations existent en même temps.
Les causes en sont nombreuses et variées; quelques-unes sont connues, mais la plupart sont inconnues. La quantité et la qualité des aliments,
les maladies internes et quelques maladies externes,
divers médicaments, la malpropreté et même des
affections morales, telles que le désir du veau, la
nostalgie, etc., peuvent déterminer l'altération et
la diminution du lait. Beaucoup et la plupart des
altérations du lait proviennent d'une digestion mauvaise et irrégulière, ce qui s'explique par la con-
nexité intime qui existe entre la sécrétion du lait

et la digestion ; car il est avéré que le trouble d'une de ces fonctions est souvent suivi du trouble de l'autre. La non-expulsion de l'arrière-faix exerce également une influence nuisible sur la sécrétion du lait.

Les principales altérations du lait et les mieux connues sont les suivantes :

Lait aqueux. On le nomme ainsi lorsqu'il est extraordinairement mince, de couleur bleuâtre, qu'il dépose relativement très-peu de crème et de fromage, mais du petit-lait en surabondance. Cette altération est très-fréquente.

Les causes du lait aqueux sont très-nombreuses. Le plus souvent cette altération se montre en été, pendant la nourriture du vert, surtout s'il fait longtemps humide ; après la consommation de pommes de terre ou d'autres tubercules dans les années pluvieuses, de betteraves et de leurs feuilles, à la suite de l'usage de mauvais foin ou de résidus de brasserie et de distillerie très-étendus d'eau ; ensuite chez des vaches débiles et maladives, surtout si l'appétit et la digestion sont mauvais. De jeunes vaches principalement donnent ordinairement du lait aqueux. Il en est de même pendant et après les maladies graves, dans de vieilles affections de poitrine, comme aussi chez les vaches qui ont avorté. Le lait aqueux ne fait pas de bien aux jeunes veaux qui tettent.

Lait amer. Il arrive parfois que le lait des vaches a un goût extraordinairement amer qui se communique au beurre qu'on en prépare. En apparence, ce lait n'est pas altéré, il est gras, dépose une belle couche de crème, et donne un beurre abondant. On ne remarque cependant rien dans l'état de santé des vaches. Cette altération du lait ne dure souvent que quelques jours, d'autres fois plusieurs semaines. Lorsqu'on trouve du lait amer qui provient d'une étable où sont réunies plusieurs vaches, on remarque ordinairement que ce n'est pas le lait de toutes les vaches, mais celui d'une ou de quelques-unes d'entre elles seulement qui est amer.

Le plus souvent, le goût amer du lait est la conséquence des aliments pris, comme, par exemple, on cite un cas où le lait d'une vache devint amer par la consommation du regain. Si cette cause existe dans la nourriture, on n'a qu'à retirer cette nourriture à la vache, et cette altération se perdra bientôt même sans autres moyens. Souvent aussi, ce sont des affections des organes digestifs ou du foie qui occasionnent cette altération. Dans le dernier cas, une partie de la bile rentre dans le sang et passe de celui-ci dans le lait. En cas pareil, il faut prendre l'avis d'un vétérinaire.

Lait filant ou visqueux. Le lait visqueux ou filant se rencontre souvent. On s'en aperçoit quelquefois aussitôt après la traite, ou bien il ne se montre tel que quelque temps après. Lorsque le lait a reposé un peu et qu'il s'est refroidi, on remarque, en le versant, qu'il est visqueux, épais, filant et qu'il en reste beaucoup qui adhère aux parois du vase. Le goût en est fade et rebutant, il dépose peu de crème et ne donne que difficilement du beurre et encore en petite quantité. Souvent le lait visqueux est en même temps aigre; il tourne alors très-facilement et ne donne qu'une couche mince de crème, parce que la coagulation a lieu trop vite pour que la crème ait le temps de s'élever; celle-ci est retenue en partie dans le caséum.

Comme causes occasionnelles, on doit accuser

principalement l'usage d'aliments mauvais et dé-
tériorés, tels que du foin gâté, moisi, des feuilles
gelées de betteraves, des racines qui se pourris-
sent, des herbes givrées, des soupes altérées, de la
paille moisie, etc. On trouve encore fréquemment
ce lait chez les vaches qui entrent souvent et inuti-
ment en chaleur. D'autres pensent que c'est la malpropreté des ustensiles qui en est la cause.

Lait s'aigrissant promptement. Cet état se mani-
feste lorsque le lait tourne beaucoup plus vite qu'à
l'état sain, surtout lorsqu'on le cuit. Fraîchement
trait, il paraît tout à fait sain, mais quelquefois il
est aigre et plus ou moins visqueux de prime
abord. En général, l'acidité du lait ne se découvre
pas au goût, mais elle se démontre par des moyens
chimiques, par exemple, par le papier de tourne-
sol. La plupart du temps, ce lait se change difficilement en beurre. Souvent une partie du lait tourne
déjà dans le pis ; les conduits dans les trayons se
bouchent, et à la traite il sort avec le lait des morceaux de lait caillé en forme de caillot filiforme.

Comme causes de cette prompte acidification du
lait, on doit accuser différents troubles digestifs,
une nourriture mauvaise et acide, de l'acidité
dans l'estomac, des vases malpropres, etc. Il est
connu que, par des temps d'ouragans et d'orages,
le lait tourne souvent et devient promptement
aigre. C'est alors un certain état électrique de l'at-
mosphère qui est en jeu. On dit que l'action vio-
lente du soleil sur les vaches produit le même
effet.

Lait sanguinolent. Le lait sanguinolent, lait
rouge, consiste en ce que le lait extrait est mélangé de sang qui lui donne une couleur rouge. Ce
sang se trouve dans le lait en stries, ou bien il y

est complétement mélangé ; dans ce dernier cas, la couleur rouge est uniformément répandue dans le lait.

Les causes de cette altération du lait sont variées. Dans quelques cas, le lait peut prendre une teinte sanguinolente, quand les animaux mangent des renoncules, des euphorbes, des jeunes bourgeons de pin, d'orme, de peuplier, etc. Ordinairement l'usage de ces substances ne donne lieu qu'à une hématurie, mais quelquefois elle occasionne du lait sanguinolent. Dans d'autres circonstances, ce lait est la suite d'inflammation du pis ou de coups et de violences sur le pis qui produisent le déchirement de petits vaisseaux sanguins ; ou bien encore d'une traite rude et trop longtemps continuée.

Lait bleu. De toutes les altérations du lait, celle qu'on nomme le lait bleu, est la plus connue. Le vétérinaire C.-J. Fuchs, de Berlin, a fourni sur cette altération des renseignements précieux.

Le lait bleu se rencontre assez souvent chez les vaches, et il est plus fréquent dans certaines contrées que dans d'autres. — Au moment où il vient d'être trait, le lait est d'une apparence très-saine tant pour sa couleur que pour ses autres qualités. Au bout d'environ 24 à 48 heures, on remarque à la superficie de la crème quelques petits points bleus, isolés, qui s'étendent insensiblement, se confondent et peuvent recouvrir peu à peu toute la superficie de la crème d'une couche bleue.

Fuchs a reconnu par de nombreuses investigations microscopiques, que la couleur bleue du lait est due à des animalcules dits infusoires. Il ne se trouve d'abord que peu de ces infusoires dans la crème ; mais ils s'y multiplient en peu de temps d'une manière presqu'incroyable ; en se multipliant ils occasionnent l'élargissement des taches bleues du lait, et cette couleur bleue est d'autant plus intense, qu'il y a d'avantage de ces animalcules l'un à côté de l'autre. Leur dimension est si petite, qu'ils ne sont visibles que par un grossissement très-fort et que 40,000 recouvriraient à peine la superficie d'une très-petite lentille. Si on met un peu de crème bleue dans un autre lait sain, celui-ci deviendra également bleu et cela en proportion du degré auquel ces animaux infusoires se multiplieront. C'est ainsi, que ce lait bleu peut transmettre à un autre lait sa couleur bleue ; il est donc pour ainsi dire contagieux.

La durée de cette altération du lait chez les vaches varie beaucoup, elle peut disparaître en quelques semaines, mais aussi durer des mois et même une demi année. Il y a des observations où des vaches ne donnaient du lait bleu que pendant 4 à 6 jours après le vêlage, et que cela se répétait plusieurs années consécutives après chaque vêlage. Quelquefois cette altération disparait presque subitement, mais elle revient facilement chez la même vache. Elle cesse toujours d'elle même plus tôt ou plus tard et ne semble pas porter un préjudice sensible à la vache.

Bien que nous sachions maintenant la cause prochaine de la couleur bleue du lait, on n'a pourtant pas encore indiqué les circonstances qui donnent naissance à ces animalcules cyanogènes. L'expérience a démontré le lait bleu dans les circonstances les plus diverses et dans des étables tenues d'une manière tout à fait opposée, il se voit dans les années humides et sèches, sur les montagnes et dans les vallées, etc., souvent sur des troupeaux entiers, souvent aussi chez quelques animaux seulement. En été, et pendant le pâturage, il se montre plus souvent qu'en hiver. — Bien que les vaches à l'apparition de cette altération semblent jouir d'une santé complète, on ne peut méconnaître que l'une ou l'autre fonction, soit la digestion, soit la sécrétion du lait ou toutes deux à la fois, est arnormale et altérée d'une façon qui, à la vérité, échappe à nos sens. On ne peut guère admettre que l'usage de certaines plantes comme par exemple du trèfle rouge en fleurs, de la luzerne, de paille d'avoine, puis des affections de poitrine, l'ardeur du soleil, etc., puissent constituer la cause du lait bleu, car nous trouvons ce défaut dans les modes d'alimentation les plus divers, et nous le voyons pendant la même alimentation disparaître, même quelquefois très-vite.

Dans le traitement de cette affection il y a une double indication. D'abord il faut agir sur l'état corporel de l'animal qui donne ce lait susceptible de produire des infusoires ; et d'un autre côté, on doit éviter que la coloration bleue prenne de l'extension par les infusoires eux-mêmes. Pour remplir la première indication, on donne des décoctions d'absinthe, ou de trèfle amer avec addition de sel de Glauber ou de sel double. Ordinairement on arrive encore plus vite à ses fins en modifiant en même temps l'alimentation employée et en donnant des aliments de facile digestion. Ce procédé suffit ordinairement, concurremment avec les soins de propreté dans les ustensiles de laiterie, etc., lorsque le lait bleu ne s'est montré que depuis quelques jours.

Une cuillerée de lait de beurre versé dans deux litres de lait, qu'on sait par expérience avoir de la tendance à bleuir, l'empêche d'une manière absolue, à ce qu'on dit, de devenir bleu.

c. Quantité de la production du lait, et circonstances qui y influent.

§ 226.

Il résulte suffisamment de tout ce qui a été dit jusqu'ici dans les chapitres les plus différents, qu'il doit y avoir de nombreuses circonstances qui influent sur la quantité de la production du lait; ce serait se condamner à des répétitions que d'entrer dans de nouveaux détails à ce sujet. C'est pourquoi je me bornerai à signaler les circonstances principales qui influent sur la quantité du lait en renvoyant à ce qui a été dit antérieurement :

La race des bêtes bovines,

L'individualité de l'animal,

En tant que, dans la même race, fût elle même en général douée d'aptitudes particulières pour la production du lait, il se trouve encore certains animaux isolés qui se distinguent spécialement sous ce rapport.

L'éducation des bêtes bovines en particulier,

Le traitement des jeunes mères,

L'alimentation et l'entretien,

dans lequel je comprends surtout la quantité et la qualité des aliments.

Sous ce dernier rapport, on peut admettre comme favorable à la sécrétion du lait, un bon pâturage d'herbe ou d'herbe mélangée de trèfle; le trèfle rouge, la luzerne, le maïs vert, le seigle à fourrage, la drèche, le son, tous les aliments donnés à l'état de soupes mucilagineuses, comme les tourteaux, des boissons de son, etc.

L'âge de la vache. Dans la vache primipare, les organes sécréteurs du lait sont encore peu développés, et subissent moins la pleine influence de la traite ; ensuite l'animal se trouve encore dans la croissance qui absorbe une partie de la nourriture, de sorte que tout ne sert pas à la fabrication du lait. Après le second vêlage, alors que le développement du corps est plus parfait, tout s'accorde déjà mieux pour une sécrétion abondante du lait ; mais ce n'est ordinairement qu'après le troisième veau, donc à l'âge de 4 1/2 ans à 5 ans, que la vache atteint sa plus grande aptitude pour la sécrétion du lait ; elle se maintient ainsi pendant plusieurs vêlages, et, vers l'âge de 9 ans, tantôt plus tôt tantôt plus tard, elle diminue insensiblement, jusque vers l'âge de 11 à 12 ans, où on ne peut plus que rarement compter avec certitude sur un rendement convenable en lait.

§ 227.

Il existe un grand nombre de calculs comparatifs et de données sur les résultats extrèmement différents du rendement en lait, selon la race, la taille des animaux, l'alimentation, etc. Mais tous ces calculs, tirés de renseignements pris dans les pays très-éloignés et les plus différents l'un de l'autre, doivent nécessairement manquer d'exactitude, car :

1° La chose principale, la mesure, mais plus encore la valeur de l'alimentation ne peut jamais être indiquée avec une exacte uniformité ; je citerai comme exemple que la comparaison a souvent lieu entre du bétail de pâturage, mais comment veut-on

établir des comparaisons tant soit peu vraisembla-
bles sur de simples renseignements, sans observations propres sur les lieux, quand il existe une différence infinie dans la qualité des pâturages et
dans la manière dont le bétail peut se rassasier plus
ou moins complétement ?

2° La manière de calculer le produit moyen annuel du lait varie beaucoup ; pourtant il est rare
que dans des ouvrages cette manière soit indiquée ;
cela peut occasionner de grandes erreurs dans les
comparaisons ; ainsi, par exemple, là où on est dans
l'usage de laisser teter les veaux à la mère, on ne
compte pas dans la moyenne le lait que le veau a
teté ; tandis qu'on le fait probablement dans les cas
où on donne à boire au veau une certaine mesure
hors d'un seau ; de même, le temps pendant lequel les veaux boivent, est très-variable ; il peut naî-
tre ainsi des différences de plusieurs centaines de
litres pour une seule vache. Ensuite combien n'y
a-t-il pas de ces indications qui proviennent de localités où, à cause du débit avantageux du lait dans
le voisinage des grandes villes, on achète des vaches ayant fraîchement vêlé, puis, après en avoir
tiré tout le lait, on les revend ; tandis que dans
l'élève bovine ordinaire on ne trait plus la vache de
5 à 8 semaines avant le vêlage ; dans ce cas, le produit annuel paraîtra bien inférieur au premier cas ;
puis en général, ce temps, pendant lequel la vache
reste sèche, entre les deux vêlages, est calculé
d'une manière toute différente. En vérité, on ne
peut comparer le résultat total du rendement en
lait, qu'entre des vaches qui vêlent chaque année
à peu près à la même époque ; il y a, en outre, une
différence, si la vache après le vêlage arrive au vert
ou arrive à la nourriture d'hiver.

5° Il est rarement indiqué de combien de vaches
d'une exploitation, on a tiré la moyenne, ni si ce
sont de vieilles ou de jeunes bêtes ; quelquefois on
se borne à indiquer le résultat trouvé chez une
seule ou chez quelques vaches seulement ; à combien de fausses conclusions cela ne peut-il pas
mener !

La seule chose qu'on puisse tirer de ces indications, faites dans les circonstances les plus différentes qui ne sont pas même mentionnées approximativement, ce sont de grands termes moyens dont
on peut former des points de départ.

A titre de pareils points de départ, je donne
deux tableaux :

1° L'un sous A, communiqué déjà par Pabst, indique le produit du lait d'après des renseignements
tirés des pays les plus différents.

2° L'autre fait dans le temps à une autre occasion, contient les résultats relatifs au rendement
en lait obtenus par moi-même, dans les différentes
métairies du roi de Wurtemberg.

J'ajoute une valeur particulière à ce dernier
tableau parce qu'il n'a pas nécessité d'indications étrangères ; et surtout parce que l'occasion
ne se présentera pas de sitôt de pouvoir, comme je
le pouvais alors, constater la différence du rendement en lait en quantité et en bonté, sur un aussi
grand nombre et une aussi grande variété de races
bovines se trouvant, dans des circonstances tout à
fait semblables, dans une alimentation pareille et
soumis à des observations et des calculs d'après un
même plan.

A. — EXPOSÉ COMPARATIF DU PRODUIT EN LAIT

PAYS.	ENDROIT ou CONTRÉE.	INDICATION des sources où les renseignements SONT PUISÉS.	PRODUIT annuel EN LAIT
Holstein . . .	En général.	Al. de Lengerke, *Descript. de la culture rur. du Holstein*, 1re p.	Litres. 1400
Holstein . . .	Meilleures contrées.	Nieman, *Laiterie du Holstein*, p 20.	2190
Hambourg . .	Pays plat riche.	Meyers, *Principes pour la fixation des fermages.*	3900
Hambourg . .	Hauteurs.	Dito.	1540
Hollande . . .	Pays plat.	Schwerz, *Agriculture belge*, 2e partie.	2100
Belgique . . .	Contrée de Contich.	Schwerz, etc.	2780
Belgique . . .	En général.	Dito.	2450
Prusse	Möglin.	Thaër, *Histoire de Möglin.*	1636
Saxe	Moosen	Docteur Schweitzer, *Communications du domaine de l'agriculture*, 3e vol.	1660
Saxe	Ponitz dans l'Altenburg.	Schmalz, *Observations*, 2e vol.	2120
Autriche . . .	Carinthie.	Burger, *Traité d'agriculture*, 2e vol.	1700
Suisse	Hofwyl.	Schwertz, *Descript. de Hofwyl.*	2280
Wurtemberg.	Hohenheim.	D'après les traites d'épreuve faites chaque mois de 1823 jusqu'en 1827.	1680
Wurtemberg.	Sindlingen.	Traites d'épreuve chez le prince Colloredo, continuées pendant 2 ans.	2200
Wurtemberg	Hippelhof.	Traites d'épreuve chez le chevalier de Cotta.	1884
			30120 [1]

[1] Moyenne 2008 Litres.

CONFORMATION ou RACE DES VACHES.	QUANTITÉ ET QUALITÉ de L'ALIMENTATION.	RÉDUCTION du produit en lait à une alimentation journalière DE 22 LIV. FOIN.
Taille moyenne.	Pâturage ordinaire moyen, faible alimentation d'hiver.	1795
Grandes.	Bon pâturage, faible nourriture d'hiver.	
randes, race des pol- ders.	Meilleur pâturage, 180 livres d'herbe par jour, en hiver 45 livres foin.	1950
etites, de 600 livres poids vivant.	24 livres valeur de foin sur le pâtu- rage en été, nourriture d'hiver 21 livres, moyenne 22 livres . . .	1540
Grandes.	Pâturage abondant, bonne nourri- ture d'hiver, taxée à 26 2/5 livres valeur de foin.	1680
Grandes, hollandaises.	Bonne nourriture d'étable avec des soupes, supposée = 27 1/2 livres valeur de foin.	2086
Diverses.	Bon pâturage, et bonne alimenta- tion = 26 2/5 livres foin.	1960
Inconnues.	En été du vert = 22 livres foin, en hiver 20 liv. foin, nourriture égale.	1716
aches du Voigtland 5-600 liv. poids vivant.	En été du vert, en hiver divers ali- ments, en moyenne 20 livres va- leur de foin.	1826
Grandes, indigènes.	50 livres valeur de foin.	1608
u poids de 800 l., prob. de la race de Mürzthal.	Bonne nourriture ordinaire.	1700
Grandes, suisses.	50 livres valeur de foin.	1672
'Allgau, de Suisse et indigènes, 6 à 800 liv. poids vivant.	En été du trèfle, etc., en hiver des racines, du foin, en moyenne = 22 livres foin	1680
alards d'Allgovie et de Suisse, 600 liv. poids.	En moyenne 25 livres valeur de foin	1956
ndigène et d'Allgau, 6-700 liv. poids vivant.	En moyenne = 22 livres foin. . . .	1884
		25055 [2]

[2] Moyenne par vache = . . . lit.

| RACES BOVINES. | Nourriture journalière d'une vache réduite en foin. | QUANTITÉ PAR VACHE EN MOYENNE. | | | | Produit le plus grand d'un jour peu après |
		par année.	par jour.	Produit annuel le plus élevé.	le plus bas.	
	Livres.	Litres.	Litres.	Litres.	Litres.	Litres.
Hollandaises	33	3274	9	3720[2]	2318	24-30
Races anglaises						
Teeswater	30	2456	6 3/4	2624	1342	16 1/
Yorkshire	28	2562	7	3324	2134	20
Suffolk	28	2104	5 3/4	2256	1920	12 1/
Devonshire.	24	1408	3 5/6	1800	840	10 1/
Herefordshire	24	1158	3 2/3	1208	1080	14
Alderney	24	1930	5 5/6	2300	1220	12
Races suisses.						
De Schwyz	30	2882	8	2990	2760	16 1/
De Uri et Hasli. . . .	25	2566	6 1/2	3480	1640	18 1/
Bétail à sangle . . .	28	2528	6 7/8	3120	1480	20
Race de Mürzthal. . .	25	1610	4 1/2	1890	1200	12 1/
Limpurg (Souabe) . .	25	2012	5 1/2	2744	1464	14
D'Allgovie	25	2326	6 1/3	2740	2100	16
De Hongrie.	25	762	2	1160	500	10 2/
D'Allgovie et de Hongrie croisés.						
Avant 1827.	25	1486 ⎫	4 1/6	2800	1200	14
Après 1827.	—	1614 ⎭ 1520				
Moyenne	26 1/2	2060	4 1/2	2556	1332	16

[1] On a encore pris pour base du calcul comparatif entre la bonté du lai
et sa quantité qu'une augmentation d'une livre de beurre sur 200 litres de lai
augmentait la valeur du lait comparé à sa quantité de 5 litres sur 100.

QUALITÉ.							
Valeur de crème.		Beurre obtenu de 20 litres de lait.		Fromage frais obtenu de 6 litres de lait.		La quantité du produit annuel mis en rapport avec sa qualité s'élève à	Par 100 lit foin consommé il revient en lait.
d'après le crémomètre.	prise de 20 litres de lait.	Livres	Onces.	Livres	Onces.		
Pour cent.	Litres.	Livres	Onces.	Livres	Onces.	Litres.	Litres.
10-11	1 7 8	1	2	1	5	5274[4]	27
11	2	1	2 1/2	1	5	2500	22 2 3
11-12	2	1	2 1 2	1	5	2600	23 1 3
12	2	1	2 1 2	1	5	2140	21
13	2 1 6	1	6	1	4	1600	18
13	2 1,6	1	6	1	4	1320	13
18	5					2200	23
17	2 1,4	1	4 1 2	1	4	5100	28
13	2	1	4	1	4	2300	27
13	2 1,4	1	3	1	4	2760	27
14	2	1	3	1	5 1/2	1760	19 1 3
16	2 1 4	1	7	1	5	2520	23
13	2	1	4	1	4	2340	26
14	2 1 6	1	6	1	4	840	9
14	2 1 12	1	8	1	6	1800	19 1 2
14	2 1/12	1	7 1				

2 Plus tard 1400. — 5 Plus tard 13.
4 Est pris comme point de comparaison.
Le départ de ce bétail interrompra les mesures.

Il est assez curieux de voir par ces tableaux comparatifs que :

En grande moyenne le produit d'une vache, sans égard à la quantité de nourriture, comporte, d'après A, 2,008 litres; d'après B, 2,060 litres; le produit moyen le plus grand d'après A, 5,900 litres, d'après B, 5,274 litres; mais chez certains animaux d'après B, 5,720-4,400 litres, y compris partout le lait pour les veaux.

D'après tout ce que j'ai vu et observé en réalité sur une grande étendue de pays, on peut admettre un produit moyen en lait de 5,200 à 5,600 litres, par vache et par an comme le maximum auquel on peut arriver pour tout un état de bétail; ce qui dépasse cette quantité constitue des exceptions chez certaines bêtes, et dans certaines années.

D'après A, il revient dans une alimentation journalière calculée à 22 livres valeur de foin, pour une vache de 700 livres poids vivant, ainsi dans une consommation annuelle de 8,000 livres valeur de foin, 1,788 litres par tête, et par an, ou bien sur 100 livres nourriture totale 22 1/4 litres de lait; d'après B, on trouve sur 100 livres nourriture totale 22 1/5 litres. Cette concordance dans des circonstances les plus différentes est très-curieuse.

§ 228.

Je ne m'efforcerai pas de parcourir tous les détails de ces tableaux qui datent des temps passés où on était indécis sur ce qu'on pouvait exiger en lait d'une vache, et je n'y chercherai pas d'applications pratiques, car il y manque des bases fondamentales qui permettraient d'en tirer des conclusions certaines.

D'après mes essais, mes investigations et mes observations les plus récentes, comme je les ai exposées plus haut § 126, on possède maintenant, sous le rapport de la quantité de la production du lait, des principes normaux.

On ne demande plus à présent; combien une vache, un bétail, une race donnent-ils de lait? mais plutôt combien de lait obtient-on d'un quintal de valeur de foin? et c'est d'après cela que l'on juge de l'abondance du lait. Nous savons maintenant que pour porter un jugement sur ce point, il est nécessaire qu'on connaisse exactement la taille, c'est-à-dire le poids du corps de la vache, la quantité de la nourriture en valeur de foin, et ce qui reste de nourriture de production après avoir déduit la nourriture de conservation; enfin dans quel rapport cette nourriture de production doit livrer de la viande ou du lait.

Armé de ces principes normaux comme bases, on juge d'après eux de l'abondance de lait d'un bétail donné (§ 128); mais les tableaux comme ceux ci-dessus ne peuvent servir qu'à confirmer d'un côté ce jugement sur l'abondance du lait, et d'un autre côté à mettre à l'épreuve la vérité de ces principes.

Je prends par exemple le résultat obtenu par le tableau A, qu'une vache de 7 quintaux poids vivant à laquelle on fournit 22 livres valeur de foin par jour, donne un produit annuel moyen de 1,788 livres de lait, et j'y applique ma mesure normale.

Une vache de 7 quintaux exige par jour, pour sa conservation, 1,60 de son poids, donc 11 2/5 liv. valeur de foin, mais elle reçoit 22 livres, il reste par conséquent par jour 10 1 5 livres nourriture de production, ou par an 5,772 livres qui devaient donner autant de livres de lait, soit 1,886 litres. Cette confirmation approximative du résultat ci-dessus pris sur une grande moyenne devient encore plus frappante, si on tient compte d'après le principe (§ 126, point 8), de la nourriture nécessaire pour le développement du veau dans le ventre maternel ; à la vérité, on ne peut pas exactement s'assurer dans quelle proportion il faut admettre la production des veaux chez les vaches laitières contenues dans les tableaux.

§ 229.

Je n'ai pas besoin de dire que, dans les observations et les explorations sur l'abondance de la sécrétion du lait des vaches, il ne s'agit pas de tirer des conclusions du résultat d'un seul jour, que la vache soit plus ou moins éloignée du dernier vêlage, car il se peut qu'une bête ayant fraîchement vêlé donne une grande quantité de lait, mais que bientôt elle discontinue ou cesse totalement d'en donner ; tandis qu'une autre en fournira d'abord moins, mais continuera d'autant plus longtemps à en donner, et autres modifications pareilles sur lesquelles on ne peut pas établir de règles. Il arrive aussi que, d'une manière générale, une vache donne plus de lait dans une année que dans une autre. Pour reconnaître la quantité de lait, que produit chaque vache, ce qui est certainement de la plus grande importance pour l'éleveur rationnel, il faut faire chaque mois une traite d'épreuve, et tenir note exacte du résultat ; on peut ainsi, à la fin de chaque année, savoir la quantité de lait donnée par chaque vache. Continuant cela pendant plusieurs années, on arrive à un résultat certain pour le jugement de la valeur d'une vache laitière.

d. *Traite du lait.*

§ 230.

Le mode d'extraction du lait, c'est-à-dire le procédé de la traite n'est pas du tout sans importance pour la quantité du lait, et l'usage qu'on veut en faire.

Schubler, dans ses observations citées plus haut, a donné une description anatomique du pis, et continue ainsi : « Dans la traite, il n'y a pas autant une pression mécanique, qu'une excitation du conduit excréteur. Les animaux paraissent avoir une action volontaire sur celui-ci, et pouvoir retenir le lait ou, au contraire, le laisser couler. Cette rétention du lait peut aller si loin, que des vaches n'aiment pas à laisser couler le lait, lorsqu'elles sont traites par des personnes qui leur ont fait subir de mauvais traitements ; c'est une indication d'agir envers les bêtes laitières avec douceur. »

Bien que la sécrétion du lait soit en général la suite de la gestation, elle peut pourtant avoir lieu sans celle-ci ; c'est ainsi que, dans quelques contrées en France, par des frottements, des pressions, etc. au pis des chèvres qui ne sont pas pleines, on parvient à leur faire donner du lait.

En trayant une vache négligemment, ou maladroitement, on peut la gâter sous ce rapport. En n'extrayant pas tout jusqu'à la dernière goutte, on n'a pas seulement une perte en lait, et cela précisément du meilleur et du plus consistant. mais si cette traite négligente se répétait, la sécrétion ultérieure du lait en serait diminuée, précisément comme elle peut être favorisée et augmentée par une traite toujours soignée et complète.

§ 231.

La manipulation dans la traite varie un peu selon l'usage dans les différentes contrées, pourtant on peut admettre comme règles générales : Pour que la vache soit bien traite, il faut que le procédé lui plaise, c'est-à-dire lui produise une excitation agréable. Après avoir humecté un peu les trayons avec du lait, et les avoir ainsi assouplis et excités par le frottement, on doit commencer à traire à pleine main, en tirant aussi vite que possible de haut en bas avec une telle vigueur et une telle adresse, que, comme dit Maertens, le lait coule en un jet bruyant, et non interrompu dans le seau, et de temps en temps on change de trayons. Lorsqu'en trayant ainsi à pleine main il ne vient plus de lait, on emploie le pouce et l'index seulement pour extraire le restant jusqu'à la dernière goutte. Si on venait à changer le procédé employé jusque là, par exemple si au lieu de traire à pleine main, une autre personne ne se servait que de deux doigts, on pourrait ainsi occasionner chez la vache un rendement moindre.

Sur la question de savoir si, pour le rendement en lait, il est plus avantageux de traire trois fois par jour, ou deux fois seulement, comme cela se pratique en beaucoup de contrées, on fait valoir différentes opinions et différentes expériences. Bien que ces dernières tendent à faire croire qu'en trayant trois fois, on obtient un peu plus de lait, la circonstance, que dans les grandes exploitations de presque tous les pays on n'abandonne pas l'usage de ne traire que deux fois, fait supposer que trois traites augmentent tellement les embarras, le travail, le dérangement dans l'étable, que le bénéfice en lait résultant de cette troisième traite n'est pas considérable.

Des vaches qui ont le défaut de rester longtemps sèches doivent être traites aussi longtemps qu'elles donnent ne fût-ce que très-peu de lait. Le défaut peut ainsi diminuer insensiblement, tandis que, dans le cas contraire, il augmente facilement.

Les heures une fois choisies pour la traite doivent être rigoureusement observées, parce que cela concourt à une sécrétion abondante du lait.

. L'emploi de petits tubes à traire, dont on a parlé il y a quelques années, et qui devaient remplacer la traite avec la main, a eu si peu de résultats dans la pratique, qu'il n'en est pour ainsi dire plus question. Je renvoie à un article contenant les résultats obtenus dans mes essais, inséré dans le *Wochenblatt für Land and Fortswissenschaft vom Jahr* 1840. n° 33.

Pour que le lait arrive propre dans le seau, il faut que la traite se fasse avec la plus grande propreté. Dans le régime de stabulation, la place et la litière du bétail doivent être très-propres. Si, pour cause de malpropreté, on est forcé de laver le pis avant la traite, cela est assez difficilement praticable sur un nombre considérable de vaches, parce que l'eau ne peut pas être renouvelée à chaque vache, et qu'elle finit par être sale. Cela seul, dit Maertens, est une raison pour laquelle l'agriculteur du Holstein, ne peut pas se familiariser avec la stabulation d'été.

Pour ce qui concerne le traitement du lait fraichement tiré, cela dépend de l'usage auquel on le destine et du parti qu'on veut en tirer.

2. CONVERSION DU LAIT EN ARGENT.

§ 252.

Le lait se convertit en argent principalement
1° *par le débit du lait*
2° *par les produits de la laiterie*, savoir :
La fabrication du *beurre ;*
La fabrication du *fromage.*

a. *Débit du lait.*

§ 253.

La vente du lait peut se faire de différentes manières.

1. Vente par le producteur pour l'emploi à l'état frais, soit directement en détail, soit à un marchand de lait.

La vente du lait, là où le voisinage des grandes villes ou en général une forte population en offrent l'occasion, est la manière la plus simple et, la plupart du temps, la plus avantageuse de tirer parti du lait. (Un calcul à cet égard ne pourra être donné que plus tard dans la comparaison avec la réalisation des autres produits de la laiterie.) Une grande concurrence de débitants exerce ici beaucoup moins d'influence que dans la vente du beurre et du fromage, parce que ces derniers peuvent arriver d'endroits plus éloignés, tandis que la distance d'où l'on peut tirer le lait à l'état frais est assez limitée.

Dans un pareil commerce de lait, où un transport devient nécessaire, il faut observer ·

Que l'acidification du lait, qui arrive si facilement en été, par un temps gras, par un transport éloigné, etc., peut être prévenue par une grande propreté dans les ustensiles; comme aussi en tenant le lait convenablement frais, en le transportant le matin et le soir, quand il fait frais, et en le couvrant d'une couverture fraîche ;

Que le lait soit toujours livré à l'état pur, que les personnes chargées du transport et de la vente n'y mêlent pas d'eau ou ne le falsifient d'une manière quelconque pour en augmenter la quantité; car on pourrait perdre ainsi sa réputation.

Si l'on veut, comme cela se fait à certains endroits, mélanger pour la vente le lait du soir, qui n'a pas été vendu et dont on a enlevé la crème le matin, avec le lait frais du matin, il faut en donner connaissance à l'acheteur.

Si l'on peut trouver un acheteur marchand de lait, qui prenne journalièrement toute la quantité du lait, cela est préférable à la vente directe en détail; dût-on même, en apparence, en retirer un peu moins, parce que la vente en détail occasionne toujours de nombreux embarras et désagréments.

Dans la vente du lait à l'état frais, le producteur est surtout intéressé à obtenir une grande quantité de lait, et il donnera volontiers les aliments qui augmentent cette quantité.

2. Vente du lait par accord avec un entrepreneur demeurant ou dans le domaine même ou dans le voisinage, qui en prépare du beurre et du fromage.

Un pareil affermage du lait, dès que celui-ci se paye à un prix tant soit peu raisonnable , vaut souvent mieux que d'exploiter la laiterie pour son propre compte. Certains points autres que le prix du lait, par exemple : si on doit fournir les locaux pour la fabrication du beurre et du fromage; quel emploi il sera fait des résidus de la laiterie, etc., doivent être spécialement détaillés dans le contrat. C'est surtout dans le sud de l'Allemagne, en Suisse, etc., que cette manière de tirer parti du lait prend de l'extension.

Il faut encore ici mentionner les associations pour l'exploitation de la laiterie, ce qu'on nomme les fromageries de société, comme il y en a en Suisse, par exemple, et qui mettent même le petit détenteur de bestiaux dans la possibilité de fabriquer du fromage.

Le procédé suivant est beaucoup moins recommandable.

5. Affermage du lait des vaches d'après le nombre de celles-ci, à un entrepreneur, à autant par tête.

Cet affermage existe encore fréquemment dans le Mecklembourg, le Holstein, etc., quoiqu'on en reconnaisse les inconvénients. Il se fait :

a. Tout bonnement d'après le nombre de têtes de vaches ;

b. D'après le nombre de vaches, mais de telle manière que celui qui afferme prend en payement de l'entrepreneur le beurre à un prix convenu.

c. D'après le nombre de vaches, mais où le prix du fermage se règle d'après le prix du beurre.

Ces affermages par têtes de vaches occasionnent un contraste entre l'intérêt du propriétaire et l'intérêt de l'entrepreneur, et nuisent ainsi d'une manière générale à toute l'exploitation et en particulier à l'élève bovine. Le propriétaire vise principa-

lement à avoir le plus grand nombre possible de
bétail ; il ne veille pas à un bon entretien des
vaches, et l'élève et les qualités du bétail doivent
en souffrir considérablement.

L'affermage d'après la mesure du lait, autrement
dit la vente par contrat du produit en lait, vaut infiniment mieux. Elle se rapproche le plus de l'exploitation de la laiterie par le propriétaire du bétail ; elle dispense des détails essentiels auxquels
on serait exposé, ne prive pas le propriétaire du
bétail d'une augmentation dans le produit des
vaches laitières, et encourage même au perfectionnement de l'élève bovine.

b. *La laiterie.*

§ 254.

La laiterie est un objet qui non-seulement concourt à augmenter le bénéfice d'une exploitation,
mais relève encore particulièrement la valeur de
l'élève bovine ; aussi m'y suis-je de tout temps intéressé à un haut degré, et cela non-seulement parce
que j'ai commencé ma carrière agricole dans un pays
privilégié sous ce rapport, la Suisse, mais encore
parce que j'ai eu plus tard sous mon administration les domaines privés du roi de Wurtemberg, où
il fallait, entre autres, aussi donner un exemple
des différentes manières de pratiquer la laiterie.
Cela m'engagea alors à m'occuper attentivement de
ce point dans mes nombreux voyages agricoles et
surtout dans les pays où la laiterie se fait de la
manière la plus parfaite et sur l'échelle la plus
étendue, comme le Holstein, l'Angleterre, la Hollande, la Suisse, le Tyrol, etc. Je le fis d'autant

mieux que je reconnus de plus en plus que, dans des exploitations allemandes, la laiterie était dirigée d'une manière imparfaite, désavantageuse et routinière, et que j'y voyais une raison de la déconsidération de l'élève bovine.

Dans les pages suivantes, je communique ce que j'ai appris sur cet objet, n'hésitant pas du tout, regardant même comme un devoir d'utiliser parfois ce que des hommes compétents, appartenant aux pays respectifs, ont publié sur certains objets spéciaux, chaque fois que mes observations pratiques m'ont démontré que cela était vrai et fondé.

Confection du beurre.

§ 255.

Parmi tous les pays renommés pour la laiterie, le Holstein occupe le premier rang pour la confection du beurre, tant à cause de l'extension de la fabrication qu'à cause de l'excellence du produit. Nulle part dans le reste de l'Europe, et surtout dans aucun pays de l'Allemagne, dit Nieman, — la laiterie et particulièrement la fabrication du beurre n'est à un si haut degré d'industrie nationale que dans le Holstein. Elle est donc très-remarquable dans toutes ses dispositions par l'ordre méthodique avec lequel on la pratique, par la suite régulière et l'enchaînement des divers travaux ; par le traitement habile du beurre, sa bonté que rien ne surpasse, sa vieille renommée et la préférence marquée qu'on accorde au beurre du Holstein sur tout autre. Il n'y a tout au plus que le beurre de Hollande et d'une petite partie seulement de la Hollande, la véritable province de Hollande, dans les environs de Delft, qui rivalise dans le commerce universel avec le beurre du Holstein, et cela non pas pour l'extension qu'a pris ce commerce, mais seulement pour la bonté de cette marchandise. Je n'ai du reste remarqué, dans la province de Hollande, aucune différence essentielle, et surtout aucune méthode préférable dans la confection du beurre que dans le Holstein.

Pour ces raisons, je crois pouvoir donner le Holstein comme modèle pour tout ce qui concerne la fabrication du beurre.

C'est, le livre de Maertens en main, que j'ai fait mes observations sur la laiterie dans le Holstein et surtout sur la fabrication du beurre ; j'ai puisé dans ce livre beaucoup de ce qui va suivre sur la fabrication du beurre.

§ 256.

Propreté : tel est le mot qui devrait se trouver en grands caractères au-dessus de chaque laiterie, et en particulier au-dessus du lieu où on fait le beurre ; car la propreté la plus minutieuse dans tous les travaux, depuis la traite jusqu'à l'expédition du beurre, la propreté du pis, le lavage et l'aérage soignés et ponctuels des chambres à lait et à beurre, le nettoyage le plus soigneux et journalier de chaque ustensile, cette propreté rigoureuse et minutieuse est la première condition pour un bon succès dans la confection du beurre ; elle ne saurait être poussée trop loin.

Dans toutes les chambres à laitage la plus grande propreté doit agréablement frapper celui qui y entre. « Je n'ai pas à la vérité, dit Nieman, vu la chambre à lait près de Paris, qu'on cite comme la plus luxueuse et la plus gentille où les murs sont tapissés d'imitation de marbres, et où les tables sont des plateaux de marbre de la plus grande dimension; où il y a des vases à lait aux formes les plus coquettes, et des jets d'eau perpétuels, mais j'ai conduit plus d'un voyageur dans une métairie de Holstein; je l'ai vu surpris à son entrée du nom modeste de chambre à lait qu'on donnait à la place; j'ai remarqué le plaisir avec lequel il contemplait la disposition et l'ordre remarquable par sa simplicité; la grandeur convenable du local, la propreté excessive, le placement méthodique et soigneux des ustensiles; plaisir qu'il ne pouvait assez éloquemment exprimer, qu'après avoir bu une gorgée de lait tel qu'il n'en avait jamais goûté auparavant. »

Je vais d'abord considérer les dispositions nécessaires des locaux pour la laiterie, qui deviennent surtout importants là où on fabrique du beurre.

§ 257.

Une bonne cave à lait est une des premières conditions. Elle doit avoir autant que possible une température égale de 10 à 12° Réaumur, et être ainsi fraîche en été et chaude en hiver. Les murs, le plafond et en particulier le sol doivent être disposés de manière qu'on puisse avec la plus grande facilité les tenir toujours bien propres. Ce n'est que par la température convenable indiquée qu'on obtient la plus grande quantité de crème, parce que, par une température plus élevée, le lait se caille trop tôt en une masse caséeuse épaisse, avant que toute la crème se soit séparée; si la température est trop basse, la crème ne se sépare pas bien.

Si, par conséquent, on ne peut pas entretenir en
hiver la chaleur convenable dans la chambre à
lait, il faut, pour autant que la confection du
beurre pendant l'hiver offre quelque importance, y
placer des poêles ou avoir des chambres à lait plus
petites avec des poêles, pour pouvoir au besoin ré-
tablir toujours la température nécessaire à l'écrémage du lait. La cave à lait doit être placée au nord,
de façon à ne pas être exposée au soleil, ce qu'on
obtient quelquefois encore mieux en plantant des
arbres devant. Le plancher doit être de 2 à 6 pieds
plus profond que le sol extérieur, mais, du reste,
la chambre à lait doit être haute, le plus haut est
le mieux, parce que les vapeurs qui s'élèvent du
lait, quand il est encore chaud, trouvent l'occasion
de s'échapper, ce qui favorise la fraîcheur générale-
lement si désirable en été. J'ai vu dans le Holstein
des chambres à lait hautes de 20 pieds et plus.
Aux murs extérieurs doivent se trouver deux rangées d'ouvertures de fenêtres, l'une rangée sur les
murs de face en bas, l'autre en haut; on y adapte
le plus convenablement des jalousies qu'on peut
ouvrir plus ou moins largement. Ces fenêtres placées vis-à-vis l'une de l'autre, servent à maintenir
et à provoquer un courant d'air rafraîchissant,
mais celui-ci ne doit pas être trop fort et ne doit
pas atteindre le lait au point de le faire mouvoir;
car alors la crème ne se séparerait pas convenablement. Les ouvertures inférieures doivent donc être
disposées de manière que l'air passe légèrement
au-dessus du lait qui se trouve placé sur le sol; et,
selon les circonstances, on modère le courant par les
jalousies. D'épaisses murailles de pierre, des toits
en chaume ou en roseaux, favorisent la fraîcheur
pendant l'été, ainsi que la chaleur pendant l'hiver.

Le sol sera pavé en briques ou autres pierres sèches, il aura une pente pour qu'en le recurant l'eau sale puisse s'écouler rapidement par une gouttière extérieure. Une température chaude et humide provoque une plus prompte acidification du lait, qu'une température chaude et sèche; c'est pourquoi par une température chaude et humide on évite autant que possible le recurage du sol avec de l'eau, tant que cela n'est pas absolument nécessaire pour maintenir la propreté. En général, plus en tout temps la cave à lait est tenue sèche, mais en même temps d'une extrême propreté, mieux le lait est préservé contre l'acidité, ce qui est nécessaire comme nous le verrons encore plus loin pour obtenir beaucoup et de bon beurre. C'est pourquoi on considère le recurage fréquent de la cave à lait, que beaucoup emploient dans le but de rafraîchir, comme n'étant pas toujours convenable.

La grandeur de la cave à lait, c'est-à-dire, l'espace du sol où on place le lait sans aucunes planches, doit être telle que même en réunissant le lait de plusieurs traites, on n'aie jamais besoin de poser les terrines l'une au-dessus de l'autre, parce que cela empêche le prompt refroidissement du lait et favorise l'acidification, qui diminue la couche de crème. On ne doit conserver absolument dans la chambre à lait rien qui répande la moindre odeur.

Quelquefois la cave à lait forme un bâtiment à part qui doit alors se trouver tout proche de celui qui sert aux autres manipulations de la laiterie; quelquefois, ce qui est plus commode, c'est une aile ou une maison de derrière du bâtiment destiné à la laiterie.

§ 258.

Une bonne cave à beurre est tout aussi nécessaire qu'une bonne cave à lait. Celle-là doit être assez spacieuse pour pouvoir y placer tout ce qui est nécessaire à la confection du beurre, non-seulement pour y travailler celui-ci, mais encore pour y conserver la provision. Sa construction et ses dispositions doivent être conformes à celles indiquées pour la cave à lait; seulement plus on y sera au frais en été, mieux cela vaudra.

Une cuisine et une cave ou des chambres à fromage sont ordinairement jointes aux autres locaux de laiterie; mais je parlerai de celles-là en traitant de la fabrication des fromages.

§ 259.

Parlons maintenant des ustensiles pour la laiterie.

Les vases dans lesquels on place le lait nouvellement trait pour que la crème se forme doivent être plats, par conséquent, à peine hauts d'un demi-pied, mais par contre beaucoup plus larges en haut qu'en bas, parce que le lait y contenu se refroidit d'autant plus vite, s'acidifie moins promptement; et que la crème se forme en un laps de temps d'autant plus court, que le lait présente plus de surface à l'air. Par cette raison, on verse à l'époque des grandes chaleurs très-peu de lait dans les terrines, par le temps frais un peu plus, et en hiver davantage.

Il est étonnant comme cette circonstance éprouvée dans toutes les grandes laiteries des pays qui se distinguent le plus à cet égard est méconnue dans certaines contrées comme, par exemple, dans le sud-ouest de l'Allemagne, et qu'on y rencontre encore toujours des terrines à lait hautes. De petites terrines plates en terre cuite, larges du haut et étroites du bas sont beaucoup plus convenables même pour les petites exploitations. Les vases à lait du Holstein sont ronds, d'un diamètre d'environ 2 pieds, en bois de chêne, de hêtre ou de sapin; ils sont faits avec soin par le tonnelier et joints par des cercles.

Des vases en bois à peu près comme ceux du Holstein, sont le plus répandus dans l'Allemagne du Nord, en Hollande, en Angleterre et en Suisse, etc. Ils doivent donc être de la plus grande utilité pratique pour les grandes laiteries; pourtant le lait s'y acidifie facilement; ces vases en bois donnent beaucoup de peine pour les nettoyer et le lait s'y refroidit plus lentement. Pour ces raisons, on a souvent recommandé et mis en usage des vases d'argile, de métal, de verre et de grès. C'est en Angleterre où j'ai trouvé le plus ces vases en métal, fer ou cuivre enduits de zinc; on dit de ces vases métalliques, que le lait y devient et y reste d'un degré Réaumur plus froid, que dans ceux en bois.

Les laitiers du Holstein ont trouvé dans le temps les terrines en terre, en verre, etc. trop fragiles, et ceux en métal trop coûteux pour de grandes exploitations; on prit l'habitude de peindre l'intérieur des vases en bois d'une couleur à l'huile, ce qui rendait l'acidification moins à craindre et le nettoyage beaucoup plus facile et meilleur marché à faire. Par contre, on écrit maintenant du Mecklembourg : « Les vases à lait en fer de fonte et émaillés ont fait pendant vingt ans tellement preuve de durée, d'un nettoyage facile, et de bonne formation de crème, qu'on ne craint pas la dépense pour les substituer aux vases en bois, en verre, en terre, etc. »

La baratte. — Dans mes observations multiples, j'ai trouvé que les barattes dont on se sert dans les pays où on fait le plus de beurre, en Holstein, en Angleterre, en Hollande, en Suisse, se sont principalement répandues au loin, et peuvent être considérées comme les plus pratiques. Telles sont la baratte ordinaire à piston, modifiée comme je l'indiquerai tout à l'heure, et la baratte en tonneau, ou enfin une combinaison de ces deux barattes. La première est presque universellement connue, on s'en sert de préférence dans le Holstein, la Hollande, la Frise, où on fait de grandes quantités de beurre et où cette fabrication est très-importante ; de même en Angleterre et dans les exploitations rurales ordinaires de l'Allemagne. La baratte en forme de tonneau avec quelques changements insignifiants est généralement employée en Suisse et s'est répandue aussi en Allemagne, principalement dans les exploitations plus considérables.

La baratte ordinaire à piston, qu'on manie avec la main, convient surtout pour de petites exploitations ; elle favorise particulièrement la propreté et le contact de l'air athmosphérique ; mais lorsqu'il s'agit de confection de beurre en plus grande quantité, on se sert ou de celle-ci naturellement construite dans une plus grande dimension et pourvue d'un mécanisme auquel on adapte un balancier qui lève et qui abaisse le piston et qui est mû d'une manière simple ou double par des animaux ou par l'eau (ce qu'on nomme des moulins à beurre), ou

bien on se sert de la baratte-tonneau de la Suisse.
Parmi les diverses variétés de cette dernière, on
doit préférer celles où les ailes, c'est-à-dire les dispositions intérieures pour frapper le beurre peuvent être extraites pour les nettoyer convenablement. Il existe deux différences principales dans
ces barattes-tonneaux ; chez les unes, tout le tonneau tourne et la crème vient frapper contre les
ailes ou planchettes trouées qui se trouvent disposées à l'intérieur ; chez les autres, le tonneau est
fixe, mais il y a dans l'intérieur une aile percée de
trous qu'on tourne avec une manivelle et qui frappe
la crème. Le reproche qu'on leur fait ordinairement de ne pas permettre le contact de l'air, n'est
pas fondé ; mais elles méritent bien le reproche
d'être plus difficiles à tenir propres.

On ne peut donner à aucune de ces deux barattes
une préférence décisive. L'exactitude et la propreté
sont toujours les choses principales et alors toutes
deux fonctionneront bien ; dans une fabrication de
beurre sur une très-grande échelle, les barattes-
tonneaux pourraient ne pas suffire. La baratte-
tonneau du Brabant n'a pas su me plaire longtemps
et n'accélérait pas assez le travail. Peut-être n'en
connait-on pas d'ailleurs le véritable maniement,
ce qui fait souvent beaucoup. Dans cette baratte,
le beurre est battu par des ailes, comme dans la
baratte suisse, et non pilé. C'est plutôt une combinaison des deux ; elle représente le tonneau fixe
avec des ailes qu'on tourne. Dans le Holstein on
préfère maintenant le battage du beurre au pilé,
parce que le premier donne plus vite du beurre,
exige un travail moindre pour les animaux et fait
moins de bruit, c'est pourquoi on a changé peu à
peu dans ce pays, les grandes machines à piler le

beurre qui s'y trouvaient, et on leur a donné une disposition ressemblant en grand à la baratte du Brabant.

Maertens dit de la baratte du Holstein et du changement qu'elle a subi : « Ce qu'on nomme le moulin à beurre est indispensable dans toutes les métairies de quelque importance, pour faciliter au moyen de ce moulin et d'un cheval le pilé ou le battage du beurre. Ce moulin consiste en une roue à dents, c'est-à-dire, une grande roue horizontalement placée sur plusieurs piliers, qui se réunissent en bas à un arbre placé verticalement et se tournant ainsi. A cette roue se trouvent une grande quantité de dents qui prennent dans l'engrénage d'un autre arbre plus petit placé horizontalement et font de cette manière tourner celui-ci, lorsqu'on met la grande roue en mouvement. A l'extrémité de ce petit arbre, se trouve ce qu'on nomme la bascule, qui est en fer et qui a la forme d'un S. C'est dans celle-ci qu'on fixe au moyen d'une cheville en fer, l'extrémité supérieure du manche du piston de la baratte, de sorte que, si le moulin est mis en mouvement, le piston s'élève et descend d'une manière égale dans la baratte, mais sans toucher le fond, et produit ainsi le beurre.

Mais pour pouvoir, d'après les opinions émises plus haut, battre le beurre avec le moulinet, on a changé maintenant la disposition du moulin, en ce sens, qu'au lieu de ce qu'on nomme la bascule, on a adapté une petite roue, dont les dents mordent dans un petit engrénage, fixé à l'extrémité supérieure de l'axe du mouvement rotatif. Lorsque le moulin est mis en mouvement, les ailes qui sont dans la baratte et qui ont remplacé l'ancienne croix, tournent de façon que le contenu liquide de la baratte frappe contre les parois du tonneau bien cerclé, et que de cette manière s'effectue la séparation du beurre.

Pour mettre le moulin en mouvement, soit pour piler soit pour battre le beurre, il se trouve fixée, à l'extrémité inférieure du grand arbre, placée et se tournant verticalement, une forte barre, à laquelle on fixe le brancard dans lequel on attèle le cheval; celui-ci, marchant en cercle, met le moulin en mouvement. Ordinairement ce moulin se trouve immédiatement à l'extérieur de la cave à lait; la baratte est à l'intérieur.

D'autres ustensiles pour l'obtention, le traitement du lait et la confection du beurre, sont : les seaux pour traire et rassembler le lait, les tinettes pour le transport, les vases à crème, les vases pour le petit-lait, la cuillère à crème ou l'écrémoire, le filtre, les baquets pour la préparation du beurre.

Tous ces ustensiles, dont la disposition est assez peu importante, diffèrent tellement, selon l'usage des divers pays, que l'on peut facilement se dispenser de les décrire.

§ 240.

J'arrive à la véritable préparation du beurre. Un beurre beau et excellent, ainsi le veut-on en Holstein, doit être une masse uniforme privée de toutes les parties caséeuses, de tout lait et petit-lait et de toute eau. Cette masse doit être partout ferme, non pas sèche, mais posséder ce qu'on nomme de petites perles; sa couleur doit être d'un jaune à peu près citron et uniforme partout, il doit être d'un goût frais, agréable, doux, ressemblant à celui de la noix et d'un arome fin qui lui est particulier, l'odeur de même ; enfin, il doit au moyen du sel se conserver tellement bien, que, manié convenablement, il soit encore après des années pur, bon, et d'un goût presque frais.

Voyons comment les métayers du Holstein, nos modèles pour la bonne confection du beurre, cherchent à obtenir cela. Je prends le lait au sortir de la vache, en cherchant aussi les raisons du meilleur procédé.

§ 241.

Dans la saison chaude, le lait fraîchement tiré doit être transporté le plus vite possible dans la cave à lait, pour qu'il se refroidisse au plus tôt et qu'il ne prenne pas une disposition à s'aigrir. Cela est surtout important, lorsque les bêtes se trouvent au pâturage, et quand l'endroit où on trait est éloigné, etc. ; car le lait est quelquefois en sortant du pis plus chaud que dans l'étable. C'est pourquoi on a établi en Angleterre, en Hollande, dans les pays montagneux, etc., des dispositions pour placer le lait fraîchement tiré dans de l'eau, par exemple des petits canaux, des ruisseaux, des fontaines, etc. dans la prairie ; ou bien des réservoirs d'eau dans la cave à lait pour y laisser refroidir le lait avant de le verser dans les terrines. Lorsqu'on tient les bêtes à l'étable, ceci est moins nécessaire. Par un transport assez long vers la cave le lait est ballotté et secoué, ce qui lui nuit ; car il s'aigrit plus tôt et la crème monte moins parfaitement ; c'est pourquoi ce transport doit se faire de la manière la plus douce possible, et à cette fin, on se sert dans les exploitations en grand, comme dans le Holstein, de charrettes à lait particulières où les seaux remplis de lait sont suspendus.

Il s'agit maintenant de savoir si on ne devrait pas pour faire du beurre employer le lait à l'état frais ; ou si on doit préalablement laisser se déposer la crème et employer celle-ci seule à la confection du beurre.

Des essais et des expériences ont mis hors de doute que le lait employé immédiatement après la traite pour la confection du beurre, produit un peu plus de beurre et du beurre meilleur, que lorsqu'on emploie de la crème qui s'est séparée du lait.

Pour mieux expliquer le fait, je dois considérer la marche de cette séparation de la crème, qui, comme on l'a appris plus haut, se trouve toute formée dans le lait.

§ 242.

Lorsqu'on examine le lait au moment où on le trait, on n'y découvre aucun acide libre, mais, au bout d'un instant, cet acide se développe, et augmente d'heure en heure et d'autant plus vite que la température est plus chaude, jusqu'à ce qu'il s'y trouve en telle quantité, que le caséum se coagule et que le lait devient épais.

Dès les premiers moments qu'on expose le lait dans la cave à lait pour la séparation de la crème, une partie du corps gras s'élève par suite de sa légèreté et s'accumule à la superficie, sans qu'un certain degré d'acidité soit nécessaire ; pourtant on ne peut nier qu'au fur et à mesure que l'acidification augmente, il se dépose en haut une plus grande quantité de crème, jusqu'à ce qu'enfin la coagulation du caséum met un obstacle à l'élévation ultérieure des globules de graisse, et que la séparation de la crème cesse. C'est pourquoi le lait aigre, écrémé n'est pas du tout privé de globules gras, pas beaucoup plus que de lait doux écrémé en son temps : et plus la coagulation du caséum se fera vite, plus le lait écrémé renfermera encore de substance grasse. Donc plus on peut retarder l'acidification du lait, plus on obtiendra de crème. C'est pourquoi des soins minutieux pour la propreté de tous les ustensiles, pour une température basse, etc., sont nécessaires afin d'éviter l'acidification trop prompte.

La réunion des globules gras paraît se faire sans aucune intervention chimique par des moyens purement mécaniques, et on peut produire cette réunion déjà dans le lait, sans avoir besoin d'attendre la formation de la crème. On aurait ainsi l'avantage d'obtenir que toutes les parties grasses contenues dans le lait, qui dans l'autre cas où on laisse se former la crème et où on enlève celle-ci, restent dans le lait écrémé, se réuniraient en beurre et donneraient un produit en plus. Mais la confection directe du beurre avec le lait paraît pourtant ne réussir, ou du moins ne se faire avec un résultat convenable et avantageux que là où le lait est très-riche en graisse ; car il est reconnu que le produit en beurre ne dépend pas seulement de la quantité de substance grasse que le lait contient, mais qu'un certain degré d'acidité est nécessaire pour que la graisse se sépare mieux ; que c'est pour cela qu'on obtient la plus grande quantité de beurre d'une crème aigre et qu'on ne fait pas ordinairement le beurre avec de la crème douce et que même, là où en vue de la qualité du beurre et du fromage on prend la crème douce pour la préparation du beurre, on lui laisse toujours atteindre un certain degré d'acidité.

Si on voulait soumettre la totalité du lait à un certain degré d'acidité, et puis faire le beurre avec le tout, cela donnerait lieu à des difficultés ; mais si, comme on fait dans certaines contrées pour des raisons particulières, par exemple, pour obtenir beaucoup de lait de beurre pour la nourriture des hommes ou des animaux, on veut faire le beurre avec le lait complétement aigre et épaissi qui n'a pas été écrémé, ce qui en apparence devrait produire la plus grande quantité possible de beurre, il arrivera que la trop grande quantité de caséum coagulé empêchera la réunion intime des globules gras par l'interposition de parties caséeuses ; il n'y aurait pas seulement une grande perte de temps dans le battage, mais encore on n'obtiendrait ni en quantité ni en qualité le produit en beurre qu'on attendait. Pourtant ce procédé est usité dans quelques contrées.

Si on considère à côté de ces difficultés que, dans la confection du beurre avec le lait en entier, qu'il soit doux ou aigre il y a des embarras, une augmentation de travail, et puis surtout qu'on ne pourrait plus employer le lait maigre à la fabrication du fromage, (ce qui peut concourir à rendre la fabrication du beurre lucrative), il est difficile d'approuver cette manière de faire, du moins sur une grande échelle.

C'est pourquoi la considération principale pour obtenir le plus grand produit possible en crème et en beurre, c'est de retarder autant que possible la formation d'acide dans le lait.

§ 245.

Aussitôt que le lait est apporté dans la cave à lait, on le passe par la passoire et on en remplit plus ou moins fortement, selon la saison plus froide ou plus chaude, les terrines placées sur le sol frais.

Pour que la crème se sépare promptement du lait et en quantité suffisante, il faut le contact de l'air; une température de 10° à 12° Réaumur, ou un peu plus haute en hiver, a été reconnue la plus convenable. Dans cette température, le lait placé dans les terrines s'écrème suffisamment en 36 heures; si la température est plus basse, cela va plus lentement en 48 à 60 heures environ, si elle est trop haute, il ne s'écrème pas suffisamment ainsi qu'on l'a vu plus haut.

Le lait fraîchement tiré a une température de 30° Réaumur et quelquefois une plus grande, si par exemple la vache s'est échauffée au pâturage. Les moyens, pour abaisser cette température jusqu'à 10° ou 12° Réaumur pour retarder autant que possible l'acidification et laisser se former la crème aussi tranquillement et aussi complétement que possible, ont été exposés l'un après l'autre précédemment. L'addition d'eau froide ou de glace dans le lait ne se trouve pas dans ces moyens, parce qu'en pratique cela a été reconnu mauvais.

Pendant que le lait s'écrème, il est nécessaire, qu'il soit parfaitement en repos, qu'il ne reçoive pas de secousses et qu'on n'y touche pas. L'enlèvement partiel de la crème pour les usages domestique ne vaut rien, cela trouble la formation ultérieure de la crème; le lait dans ce vase donne alors moins de crème. L'écrémage du lait s'effectue en séparant avec l'écrémoire la crème des parois de la terrine et en l'enlevant autant que possible privée de lait.

Il est difficile de reconnaitre et de choisir le bon moment pour l'écrémage. Si on le retarde trop, la crème et le lait deviendront aigrelets ou complètement aigres, ou bien la crème deviendra trop vieille ; ces deux défauts sont préjudiciables à la bonté du beurre et du fromage. Pour obtenir du bon beurre il faut toujours que la crème soit enlevée à l'état doux, car devenue aigrelette déjà dans les terrines, elle fournit un beurre de moindre goût.

Si on laisse trop vieillir la crème, celle-ci et le beurre que l'on en fait prennent un goût désagréable, souvent amer. Si, d'un autre côté, on écrème trop tôt, cela sert à la vérité à produire la meilleure qualité de beurre et de fromage, mais on perd alors sur la quantité de beurre. En été et dans des chambres à lait fraiches et bien disposées, on admet, comme moment le plus propre et le plus avantageux pour l'écrémage, celui où le lait a reposé pendant 36 heures. On est très-content quand il reste aussi longtemps sans s'aigrir ; souvent on est content de pouvoir attendre au moins 24 heures ; car il arrive qu'on doit déjà écrémer au bout de 16 heures, si on veut avoir la crème à l'état doux.

Un personnel de laiterie soigneux, surtout les métayères du Holstein y mettent la plus grande attention, jour et nuit, pour ne pas laisser passer le bon moment. A l'aide d'une longue pratique, on peut arriver à reconnaitre par l'aspect extérieur de la crème qui se trouve au-dessus du lait dans les terrines, le moment où on ne peut plus tarder à écrémer, pour que d'un côté toute la crème se soit formée et que de l'autre côté l'acidité ne soit pas encore trop forte.

En l'absence de cette habileté, on indique les signes suivants : 1° Quand on fait cuire dans un vase propre un peu de ce lait sur lequel la crème s'est déposée et qu'on y voit des parties caséeuses fines, pas encore bien prononcées ; tandis que dans un lait trop aigre ces parties sont visiblement coagulées ; 2° quand après avoir écarté la crème avec le doigt, le lait ne paraît plus bien liquide, mais plutôt gélatineux, que le lait ne sort pas à travers de fines ouvertures qu'on fait dans la crème en le piquant avec un couteau, et qu'il se montre bleuâtre.

Dans les jours frais de l'automne, on laisse reposer le lait 48 heures, quand cela peut se faire sans qu'il s'aigrisse, en hiver on attend 60 heures avant d'écrémer le lait.

La crème qui se sépare la première est toujours la meilleure, c'est-à-dire la plus grasse et la plus savoureuse ; c'est celle qui livre le plus de beurre et de meilleure qualité. Plus la crème se sépare tard, moins elle est bonne. Elle se sépare aussi plus vite dans les premières 24 heures que plus tard. Quand on écrème le lait à divers intervalles ; il se montre chaque fois de nouveau de la crème, mais toujours moins et de moindre qualité jusqu'à ce qu'enfin il n'apparaisse plus rien qu'une membrane et qu'il ne se forme plus de crème.

Dans les vases à crème, celle-ci doit d'abord subir, avant de passer dans la baratte, une certaine aigreur et un certain épaississement ; elle doit-être d'un goût aigrelet-agréable, mais non pas aigre ; elle ne doit pas être caséuse et encore moins tout à fait coagulée. Pour l'amener à l'état voulu, on laisse reposer la crème pendant quelques jours, plus ou moins longtemps selon la température, et on la remue quelquefois. On peut bien aussi faire du beurre avec de la crème douce, mais le produit est moindre.

Dans beaucoup de contrées, on n'écrème le lait pour en faire du beurre que lorsqu'il est devenu aigre et épais; on justifie ce procédé en prétendant qu'on obtient ainsi plus de crème et de beurre, bien que de qualité un peu inférieure. Mais il n'en est pas ainsi lorsqu'on a soin de saisir le bon moment pour écrémer; on peut unir la plus grande quantité avec la meilleure qualité possible en écrémant juste au moment où, par une température convenable, la crème s'est complétement formée, où le lait ne s'est pas encore acidifié ni épaissi, mais se trouve précisément sur le point de le faire. On peut se convaincre de cela dans le Holstein. Mais certainement si on ne veut pas être aussi soigneux pour observer le bon moment, il arrivera qu'on le fera avant, lorsqu'on veut écrémer à l'état doux, et qu'on obtiendra de cette manière moins de crème et de beurre; ou bien pour être plus certain de la quantité du produit, on écrémera à l'état aigre, et on obtiendra à la vérité plus de crème et de beurre que dans le premier cas, mais ces produits seront de qualité inférieure. En faisant le beurre avec la crème douce, on a, en outre, l'avantage de pouvoir tirer parti du lait écrémé en préparant du fromage.

Le procédé de faire le beurre avec la crème aigre se rencontrera principalement là, où on ajoute moins de valeur à la bonté du beurre, là surtout où on ne fait pas de beurre pour le commerce en grand, et où on ne fabrique pas de fromage. Mais

on ne tirera pas de cette manière le meilleur parti
du lait.

En écrémant le lait à l'état aigre, il n'est naturellement plus nécessaire de laisser séjourner la
crème, avant d'en faire du beurre.

§ 244.

Il a déjà été dit que, dans le battage, ou le pilé
du liquide crémeux, il s'opérait une réunion mécanique des globules gras en masses plus grandes,
c'est-à-dire en beurre.

« On devrait supposer, dit Frommer, que dans
le travail de fabrication du beurre il y a des actions
chimiques en jeu; mais dans mes expériences il
m'est impossible d'en démontrer d'autres, que l'action de l'acide lactique sur le caséum. On admet
surtout que, dans la préparation du beurre, l'air
athmosphérique, et l'oxygène qu'il contient jouent
un rôle important, mais j'ai fait une série d'expériences à cet égard, et les résultats ont mis la faus-
seté de ces suppositions hors de doute. Mais nous
trouvons que la chaleur joue un rôle essentiel dans
la préparation du beurre. Car la substance grasse
du lait est un mélange de différentes espèces de
graisse, en partie de nature stéarique, en partie de
nature huileuse. La prédominance de l'une ou de
l'autre de ces matières donne au beurre sa consistance plus ou moins grande, un état plus dur ou
plus mou. Mais comme, d'après ce que j'ai dit, ces
espèces de graisse ne se trouvent pas en proportion
fixe dans la substance grasse du lait, il s'ensuit
qu'on ne peut pas indiquer le degré certain de
chaleur, auquel le beurre est amené à une espèce
de fusion. En été où la température monte souvent

à 25° R. la réunion des globules graisseux du lait est soumise à de plus grandes difficultés précisément à cause de cette liquidité plus grande de la graisse, que dans d'autres saisons. Ajoutons à cela que la nourriture verte concourt à augmenter l'oléine ; il n'y a donc rien d'étonnant que dans ces circonstances on ne puisse quelquefois point obtenir de beurre. On doit alors remédier en faisant le beurre dans un local dont la température ne dépasse pas beaucoup celle de 10° R., qui est la plus convenable, et en refroidissant la baratte avant le travail, ainsi que le liquide même pendant le travail par de l'eau froide ou de la glace pour abaisser autant que possible la température du liquide. Quand on fait le beurre pendant la soirée fraîche ou le matin où il fait ordinairement plus froid, on a quelquefois, quoique rarement, à souffrir de l'inconvénient opposé, c'est-à-dire que la prédominance de la stéarine et une température trop basse rendent difficile la réunion des globules gras ; mais on se tire très-vite d'embarras en ajoutant au liquide de l'eau chaude, ou de l'eau bouillante, et en chauffant le local, ou bien en choisissant pour faire le beurre l'heure plus chaude de midi.

C'est de ces circonstances, que dépend souvent la formation plus prompte ou plus lente du beurre. Il arrive pourtant aussi que même sans ces circonstances le battage de la crème reste sans effet, et qu'on ne peut pas obtenir de beurre. Ce cas est rare dans les métairies tenues avec un certain ordre, mais plus fréquent dans de petites exploitations imparfaites. Il peut arriver, quand

1). La propreté des ustensiles, surtout de la tinette à crème et de la baratte laisse à désirer ;

2). La crème est devenue trop vieille ;

3). On s'y prend mal pour produire et conserver la température exigée;

4). On n'a pas séparé le lait des vaches malades;

5). Des substances étrangères, telles que de la cendre, de la lessive, etc. sont parvenues dans le lait ou dans la crème, etc.

6). On trait pendant longtemps des vaches fort avancées dans la gestation, et on se sert de ce lait pour faire du beurre;

7). L'alimentation du bétail consiste en aliments qui sont connus pour être défavorables à la séparation des parties butyreuses, comme par exemple dans une forte nourriture de pommes de terre, etc.

Si, après examen attentif, on ne peut accuser aucune de ces causes, et que pourtant on n'obtient pas de beurre, quelques personnes conseillent d'ajouter du lait fraîchement trait, ou bien quelques cuillerées de vinaigre ou d'eau de vie.

§ 245.

Aussitôt que la formation du beurre est terminée, on retire le beurre, on en exprime le lait de beurre, puis on met morceau par morceau dans le baquet à beurre; là on l'exprime avec la main plate, on en fait une masse qu'on frappe contre le baquet, en continuant ces manipulations jusqu'à ce que toutes les parties laiteuses soient expulsées. Alors on l'étend un peu dans le baquet, on le saupoudre d'une manière égale avec du sel pulvérisé (4 liv. sur 118 liv. de beurre,) dont on imprègne le beurre en rapprochant les doigts étendus des deux mains, et perçant ainsi le beurre partout, puis en le repliant de nouveau, alors on recommence à le frapper, et à l'exprimer par morceaux, jusqu'à ce qu'il n'apparaisse plus de parties de lait. Au bout de 7 à 10 heures à peu près, pendant lesquelles le beurre reste dans le baquet, on le travaille une seconde fois de la même manière que la première.

Si, après cela, on veut le mettre dans des tonneaux, on le travaille encore une fois, et on y ajoute de nouveau et de la même manière du sel (1 1/2 liv. pour 128 liv. de beurre). En hiver, on fait ce travail dans une chambre chauffée parce que, dans le froid, le sel ne s'unit pas bien au beurre.

Le but de cette manipulation du beurre est de le priver totalement de toutes les parties de lait et d'eau; d'obtenir une répartition égale du sel et de la couleur si on veut le colorer, enfin une consistance absolument égale de la masse.

Mais on peut aussi trop travailler le beurre ou le faire mal, et à cette dernière catégorie appartient le pétrissage du beurre, comme avec la pâte du pain, et le lavage du beurre. En manipulant trop le beurre, surtout en le pétrissant, il devient sale, et perd de son goût; le lavage ou la manipulation du beurre avec l'eau fraîche est, d'après l'opinion des métayers du Holstein, inutile, s'il est d'ailleurs bien préparé; il lui ôte toujours un peu de son goût fin et de sa douceur. Ce n'est qu'alors que, dans le Holstein, on juge utile et même nécessaire de tremper le beurre dans l'eau de fontaine la plus froide, lorsqu'il est trop peu consistant, trop mou au moment où on le retire de la baratte; on lui donne par là la consistance nécessaire.

§ 246.

La salaison du beurre est nécessaire partout où

on veut le conserver pendant quelque temps, surtout si on le prépare pour le commerce lointain.
Sans le sel qui est un antiputride, le beurre aurait
un très-bon goût, mais il ne tarderait pas à devenir
mauvais. Pour saler le beurre, on procède comme
je l'ai indiqué plus haut. On doit employer du sel
très-pur, en poudre fine, et d'une déliquescence
facile.

Dans plusieurs pays on sale le beurre et on en fait
un grand commerce avec les pays lointains; c'est là
que les grands et petits ménages cherchent pour la
cuisine et pour la consommation leur provision de
beurre salé, obtenu dans les saisons qui fournissent
le beurre le meilleur et le plus abondant, par conséquent au plus bas prix; ainsi en juin pour l'usage
de l'été, en automne pour l'usage de l'hiver. Ils ont
de cette manière pendant toute l'année un beurre
de bon goût, tandis que sans cela on doit se contenter en hiver de beurre vieux, souvent altéré et
mauvais. Quand on considère cela il paraît incom-
préhensible que, dans le sud de l'Allemagne, la
salaison du beurre ne soit pas en usage.

J'en cherche quelques raisons dans les circonstances suivantes :

1. La population étant grande, la production
du beurre n'est pas assez étendue pour qu'à côté
de la grande consommation intérieure en lait et en
beurre il puisse y avoir une exportation considérable de ce dernier produit.

2. Par le prix ordinaire de notre beurre, la
laiterie, comme j'aurai l'occasion de le démontrer,
rapporte le moins par la confection du beurre;
mais les prix du beurre dans les pays particulièrement favorables à la laiterie, tels que les polders,
le littoral de la mer, etc., correspondent aux

nôtres, de sorte que si nous voulions faire la concurrence à ces pays pour le transport vers l'Angleterre ou d'autres ports d'outre-mer, nous aurions plus de frais et devrions fixer nos prix encore plus bas en nous contentant d'un rapport encore moindre. Cette concurrence serait d'autant plus difficile que dans nos pays existe principalement le régime de stabulation, et que, dans ce régime, le beurre n'est jamais aussi égal et aussi bon qu'on l'exige pour le grand commerce.

3. Les provisions en beurre pour la consommation des grands ménages se font également dans la meilleure saison pour le beurre; mais il y a cette différence que ce n'est pas par la salaison, mais par une cuisson prolongée qu'on le conserve pour les besoins de la cuisine.

4. De cette manière, la salaison du beurre chez nous ne nous procurerait que le seul avantage de nous permettre de conserver pour l'hiver un beurre de meilleur goût pour manger à la main. Mais comme ce besoin n'est pas très-considérable, que les ménages peuvent à cette fin saler eux-mêmes leur beurre en petite quantité, la chose perd assez pour nos conditions de son importance apparente.

La coloration du beurre, en usage dans la plupart des pays de production, est évidemment destinée à tromper le consommateur (qui à la vérité presque toujours ne le veut pas autrement). On cherche à donner à un beurre de qualité inférieure et d'apparence pâle, comme celui qui résulte de la nourriture d'hiver, de la consommation de pommes de terre, etc., l'apparence d'un beurre meilleur, plus gras, plus huileux et, par conséquent, d'un beau jaune. Cette coloration n'a, du reste, pas

assez d'importance pour que j'entre ici dans des
détails à cet égard. Je renvoie celui qui désire se
renseigner plus particulièrement sur ce sujet à
l'ouvrage de Maertens; comme pour la salaison et
la mise en tonne du beurre.

§ 247.

Pour ce qui concerne la quantité de beurre
qu'on peut obtenir d'une certaine quantité de
crème ou respectivement de lait, j'ai dit en temps
et lieu que la bonté ou plutôt la quantité de crème
du lait dépendait de la race et de l'individualité du
bétail, de la qualité et de la quantité de la nourriture, du climat, de la température, de la saison, etc.; qu'elle variait, par conséquent, beaucoup; que de même la qualité ou les éléments
butyreux de la crème variaient, ce dont on trouve
la preuve dans le tableau B que j'ai donné et où
l'on trouve, en outre, la confirmation du principe
que le produit moindre en quantité était le meilleur en qualité. Dans ces circonstances, on ose à
peine se hasarder d'indiquer une proportion certaine entre le produit en beurre et la quantité de
crème ou respectivement de lait qu'on a dû employer, et cela d'autant moins que, comme on l'a
vu, cela dépend encore du traitement du beurre et
de la crème, de l'écrémage, de la confection et de
la qualité du beurre.

Prenant la moyenne de toutes les circonstances
à l'exclusion pourtant d'un traitement absolument
défectueux de tout le travail de confection du
beurre, on peut admettre, comme une moyenne à
peu près réelle, que quinze à seize litres de lait,
produisent deux litres de crème et ceux-ci une

livre de bon beurre. Mais ce rapport peut varier selon les conditions particulièrement favorables ou défavorables ; les premières, par exemple, par une nourriture verte, riche et abondante, le pâturage, la meilleure saison, le travail le plus rationnel ; les dernières par une nourriture d'hiver, insuffisante et parcimonieuse, du mauvais foin, de la paille, des pommes de terre, etc., peuvent varier d'une livre de beurre sur douze litres de lait, jusqu'à une livre de beurre sur vingt litres de lait.

J'ai déjà exposé quelle différence il pouvait y avoir dans la qualité et dans la valeur du beurre. Les extrèmes, par exemple un beurre d'hiver aigre, préparé négligemment par les paysans ordinaires de l'Allemagne du centre et du sud, et un beurre doux fabriqué d'après leurs procédés et dans la meilleure saison dans les exploitations à régime de pâturage de la Hollande et du Holstein, sont tellement éloignés l'un de l'autre et les degrés intermédiaires varient tellement, qu'on ne saurait s'imaginer que c'est le même produit. On n'a pas idée, dans beaucoup de cultures, de ce qu'on exige en Hollande, dans le Holstein et en général dans le grand commerce, d'un beurre bon et recherché.

Préparation du fromage.

§ 248.

J'ajoute plus d'importance, qu'on ne le fait peut-être ailleurs, à la fabrication du fromage sur une échelle un peu grande, parce que je crois, comme je le démontrerai plus loin par mes calculs, qu'on peut par cette fabrication, à part la vente du lait en nature (qui n'est jamais très-

importante à la campagne) tirer le parti le plus
avantageux du lait; augmenter ainsi le produit de
l'élève bovine et trouver un encouragement à l'amélioration de celle-ci. Je citerai, comme exemple,
qu'il n'y a pas encore longtemps, on importait
dans le Wurtemberg seul pour 250,000 florins
(535,000 francs) de fromage de l'étranger, que le
petit district de l'Italie du nord, où on fabrique le
fromage de Parmesan, exporte annuellement pour
un million de florins (plus de 2 millions de francs)
de ce fromage, que la consommation et l'exportation de fromage en Angleterre, en Hollande, en
Suisse, est énorme. On peut ainsi mesurer l'importance de ce produit pour toute l'Allemagne et,
en général, pour tout pays de quelque grandeur;
et si, comme il sera prouvé plus loin, on peut
compter, au moyen de la fabrication du fromage,
de pouvoir réaliser le litre de lait à huit centimes
en grand et quelquefois plus, tandis qu'à la campagne l'occasion se présente rarement de vendre
le lait à ce prix; on comprend que cet objet est
digne d'être pris en considération.

Quand on a connaissance de l'expérience acquise chez nous dans la préparation du fromage,
et qu'on la compare avec la préparation du fromage dans les pays d'où on tire principalement cet
article, on sera convaincu que ceux-là sont dans
l'erreur qui croient que ce sont les circonstances
locales particulières, par exemple les pâturages
des Alpes en Suisse, etc., qui sont les seules conditions dans lesquelles on peut préparer les espèces de fromages qu'on en retire. On verra qu'une
grande partie des fromages suisses qu'on importe
chez nous et qu'on vante comme si bons, ne proviennent pas autant des Alpes, que d'exploitations

ordinaires à régime de stabulation des parties basses de la Suisse; que le bétail de Hollande, qui nous fournit le fromage de Limbourg, d'Edam, etc., reçoit souvent, surtout sur les pâturages humides de la Hollande, une nourriture nullement meilleure, mais fréquemment plus mauvaise que celle de nos herbages vigoureux, de nos champs de trèfle, etc.; que le fromage si estimé de Parmesan dans l'Italie du Nord est préparé dans des fromageries, où l'alimentation du bétail se fait avec de l'herbe de prairies fortement humides, etc. On verra que le fromage fabriqué dans notre pays avec soin et par des personnes entendues, avec du bon lait écrémé d'après les procédés suisses, limbourgeois, etc., ne le cède en rien aux fromages ordinaires que nous tirons de ces pays; que nous consommons déjà beaucoup de fromage pour du fromage suisse, qui se fabrique à la manière suisse, dans la haute Souabe, en Algovie, etc.; et on partagera avec moi la conviction qu'en supposant que le lait provienne de bêtes bien et vigoureusement nourries, c'est le procédé plus ou moins entendu et complétement différent de fabrication qui donne lieu aux diverses espèces de fromage et à leur qualité.

On peut obtenir du même bétail en Suisse, le fromage dur d'Emmenthal, comme le fromage de crème mou; dans l'Italie du nord le dur Parmesan et le fromage mou tout différent de Strakhino; en Hollande, le fromage sec d'Edam comme le fromage mou du Limbourg; en Angleterre, le Chester, comme celui tout à fait différent de Stilton, etc.

Pour ne pas être mal compris, je dois répéter que le procédé de fabrication est la condition qui donne lieu à la nature des fromages, mais seulement d'une manière générale; que dans chaque sorte les fromages supérieurs proviennent d'un régime excellent de pâturage et non de l'alimentation à l'étable; cela résulte déjà de ce que j'ai dit sur la différence entre la nourriture à l'étable et le pâturage sous le rapport de l'influence qu'ils exercent sur le lait et ses produits. Je concède donc bien volontiers que, dans le régime de stabulation, nous ne pouvons produire la qualité la plus distinguée de beurre ou de fromage aussi bien et d'une manière aussi certaine et continue comme dans un régime de pâturage bon et vigoureux sur de très-bonnes prairies avec des plantes douces ; que ce soient les pâturages montagneux de la Suisse ou du Tyrol, les pâturages gras du Holstein et de la Hollande, ou des champs artificiellement semés d'un mélange de graminées et de trèfles. Mais avec une bonne et vigoureuse nourriture à l'étable, nous pouvons fabriquer tous ces fromages de qualité moyenne, comme ils nous arrivent ordinairement de ces pays à pâturages moins bons ou à régime de stabulation, quand nous nous sommes familiarisés intimement avec les méthodes de fabrication jusque dans les plus petits détails.

Je me suis beaucoup occupé de cet objet, tant en faisant de nombreuses observations dans les pays cités, qu'en administrant moi-même de grandes laiteries où on a fait de la fabrication du fromage la chose principale et où on obtenait les espèces les plus différentes de fromages.

Les notes suivantes sont toutes le résultat de mes expériences et de mes observations.

Comme pour la fabrication du beurre, c'est le Holstein, ainsi pour la fabrication du fromage, c'est l'Angleterre qui peut servir de modèle en ce qui concerne l'extension de cette fabrication pour la propre consommation et le commerce, les soins, l'exactitude et la perfection des méthodes de préparation et pour ce que celles-ci exigent, l'excellence et la variété du produit fabriqué et sa renommée au loin. C'est pourquoi j'ai tâché d'y faire les observations les plus exactes.

§ 249.

Je devrais, comme pour la préparation du beurre, commencer par parler des locaux, des ustensiles etc., nécessaires à la préparation du fromage. Mais non-seulement cela est d'une importance plus grande pour la préparation du beurre, mais on verra encore qu'ils doivent être tellement différents pour les diverses sortes de fromages, qu'on ne peut pas donner de règles générales, et qu'on doit se réserver d'indiquer ce qui a rapport à cela en parlant du procédé spécial exigé pour chaque variété. Pour tel fromage qui doit se faire avec du lait à un degré de chaleur assez fort, il faut une chaudière à fromage, pour un autre qui se fait avec le lait à la chaleur naturelle il n'en faut pas ; celui-ci exige une presse qui puisse exercer une très-forte compression, un autre ne demande qu'un simple poids modéré, pour un troisième il ne faut aucune pression ; cet autre exige une véritable cave à fromage à peu près comme la cave à lait ou à beurre que j'ai décrite, mais avec des étagères pour y placer les fromages terminés ; telle autre sorte ne doit point être mise en cave, mais être conservée dans des places sèches et chaudes, etc.

§ 250.

Le moyen le plus employé dans la fabrication du

fromage, pour faire coaguler et séparer le caséum du lait frais, est ce qu'on nomme la présure.

Dans la fabrication du fromage en grand, il est important que le fromage ne conserve rien du petit-lait ; car si cela a lieu, le fromage ne prend pas la consistance convenable, il perd en bonté et en valeur. La présure animale se distingue de tous les autres moyens de coagulation, en ce qu'elle sépare de la manière la plus pure les parties caséeuses, sans avoir d'effet sur le petit-lait.

La préparation de la présure n'a pas lieu d'une manière générale ; presque chaque personne qui s'occupe de préparation de fromage croit posséder un secret pour cette préparation, comme cela arrive pour d'autres objets de fabrications, par exemple la brasserie ; mais, en somme, cela revient au même, et on peut préparer toutes les espèces de fromage avec la simple présure suisse, pourvu qu'elle soit bien conservée ; la condition principale est toujours que celui qui emploie la présure, n'importe sa préparation, la connaisse ainsi que ses effets, et sache, d'après cela, comment et en quelle quantité il doit s'en servir. Ici c'est une affaire de pure pratique, on ne peut établir de règles générales. Mais une fois que l'on connaît la quantité spéciale de la présure la plus convenable pour la préparation d'une espèce de fromage, on doit chercher à la maintenir ; car trop de présure rend le fromage friable, amer et venteux ; si, au contraire, on en emploie trop peu, la séparation du caséum ne se fait pas suffisamment.

Le principe essentiel et actif de la présure consiste toujours dans le suc du quatrième estomac, nommé caillette, d'un veau bien portant. Les laitiers suisses choisissent les estomacs de veaux de

2 à 4 semaines qui n'ont été nourris principalement que de lait. Le contenu de l'estomac est vidé, mais on ne lave pas l'estomac, on le sèche à une chaleur modérée, par exemple dans la fumée au-dessus des chaudières à fromage et après on peut le conserver pendant des années. Quelques jours avant de s'en servir, on découpe la caillette, on la trempe dans un litre de petit-lait, et on ajoute un peu de sel; le liquide qu'on obtient ainsi est la présure. On doit veiller principalement à ce que la présure n'ait pas un goût mauvais, putride, qui se communiquerait facilement au fromage. La plupart des modifications dans la préparation de la présure se rapportent à cela. Le Suisse rémédie en faisant souvent de la présure fraîche, et en séparant, quelques jours après la préparation, le liquide de la présure.

§ 251.

Les espèces les plus diverses de fromages dans les pays les plus différents peuvent être rangées d'après les procédés très-variables de préparation dans les catégories suivantes :

I. Fromages non cuits, mous et frais. Ils se divisent en fromages faits 1° avec du lait écrémé; 2° avec du lait pur, non écrémé; 3° avec du lait pur non écrémé, auxquels on ajoute encore de la crème.

Le caséum se sépare par une chaleur modérée, et on le débarasse du liquide en le laissant égoutter dans des draps, etc. Par les procédés les plus divers, on lui donne des degrés différents de sécheresse et de consistance, et par l'addition de sel, de cumin, etc., une saveur différente. Ceux sub n° 1 sont les fromages à la main, connus sous tant de noms différents, mais on les fabrique surtout pour la consommation intérieure du ménage, moins pour le commerce extérieur. Celui sub n° 2 est plus rare. Parmi ceux sub n° 3, on connaît comme très-délicats par exemple les fromages de quelques contrées de la Suisse sous le nom de Vacherin, du Mont-d'Or, de Fribourg. Ils se conservent peu et ne conviennent, par conséquent, pas pour le commerce d'exportation, leur fabrication se borne à la consommation locale.

II. Fromages non cuits, mous et salés. Ici se rangent les fromages de Neuchâtel, de Brie et divers autres fromages français; mais particulièrement encore les fromages connus dans le grand commerce de Limbourg, de Hollande, de Stilton en Angleterre et de Strakhino dans l'Italie du Nord.

III. Les fromages non cuits, salés en pains solides et pressés.

Les plus célèbres de cette catégorie sont les fromages de Chester et autres pareils d'Angleterre, d'Edam et de Gouda en Hollande et celui de Holstein.

IV. Fromages cuits en pains plus ou moins durs ou fortement comprimés et salés. Ils sont faits avec du lait à un degré de chaleur plus ou moins fort, ce qui influe beaucoup sur la consistance et la dureté des fromages, parce que plus le lait est chaud lorsqu'on en fait du fromage, plus celui-ci devient dur et cassant; moins le lait est chaud, plus le fromage devient mou.

Parmi ceux-ci, nous trouvons les différentes espèces de fromages suisses tels que l'Emmenthal, le Gruyères; ensuite le dur Parmesan de l'Italie du Nord.

Dans la qualité des fromages sub II, III et IV, il

existe aussi une très-grande différence, selon qu'ils sont faits de lait non écrémé, écrémé, à demi-écrémé ou non écrémé avec une addition supplémentaire de crème, on les nomme alors très-gras, gras, demi-gras, maigres.

Enfin pour être complet je dois mentionner :

V. Les fromages obtenus comme produits particuliers d'un lait caillé, ou de petit-lait avec addition de substances végétales, comme par exemple, les fromages de pommes de terre, les fromages d'herbes dits Schabzieger de la Suisse.

§ 252.

Maintenant en ce qui concerne les procédés de fabrication des différentes espèces de fromages, je dois faire observer, que bien que je sache par ma propre expérience, que, dans cette fabrication comme dans celle de beaucoup de choses pareilles, il y a un grand nombre de règles, d'avantages, de maniements, etc., en apparence futiles qui exercent beaucoup d'influence et qu'on ne peut pas décrire d'une manière assez détaillée et qu'il est, par conséquent, bien difficile, sans l'avoir préalablement vu par soi-même, de fabriquer avec succès des fromages sur la simple description du procédé ; je crois pourtant devoir donner quelques-unes de ces descriptions, au moins pour les différences principales des fromages les plus connus et les plus renommés dans le commerce. D'abord cela facilite beaucoup les observations de celui qui s'y intéresse et fait qu'en exécutant la chose, il néglige le moins possible ; ensuite ce n'est que par des descriptions pareilles que je puis bien faire comprendre la différence principale entre les espèces de fromages d'après la division établie ci-dessus.

Je choisis à cet effet dans le n° II la fabrication du fromage du Limbourg, III celle du Chester, IV celle du fromage Suisse et du Parmesan.

En même temps, je puis donner l'assurance que les procédés décrits sont tels que je les ai appris sur les lieux même et d'après lesquels j'ai fait fabriquer moi-même avec succès les différentes espèces de fromages.

§ 255.

Fabrication du fromage de Limbourg ou de Herve. Le procédé simple dans cette fabrication, tel que je l'ai observé près de Herve, est le suivant.

Tout le travail se fait dans des cuisines à fromage ordinaires ou dans des caveaux clairs et aérés.

Plus le lait est gras, c'est-à-dire moins il se trouve de lait écrémé dans le lait employé, plus la qualité du fromage sera bonne.

Le cultivateur du Limbourg tient tout aussi secret que le laitier Suisse, combien de lait écrémé il emploie; pourtant il prétend lui-même que, dans la fabrication du fromage pour le commerce, il faut toujours employer un peu de lait écrémé, parce que, en cas de transport lointain, il deviendrait trop mou.

On peut admettre d'une manière générale que ce fromage se fabrique à demi-gras; c'est-à-dire qu'on emploie le lait frais de la traite du matin et qu'on y ajoute le lait de la traite de la veille au soir, dont on a enlevé la crème le matin.

Pour la fabrication du fromage, le lait doit avoir le degré de chaleur qu'il a immédiatement après la traite. Donc si on ne doit pas employer de lait écrémé, il n'est pas nécessaire de chauffer le lait:

mais si on se sert de lait écrémé, on doit le chauffer au même degré et on l'ajoute alors au lait fraichement tiré dans un vase de bois, où l'on fait ordinairement le fromage.

A ce lait tiède, on ajoute comme d'ordinaire de la présure ; et on attend que le lait se caille.

Au bout d'une heure ou d'une heure et demie, quand la masse se montre suffisamment épaisse, on l'enlève avec dextérité, et on la verse dans des moules qu'on remplit complétement.

Ces moules consistent en des boîtes en bois, carrées, ouvertes au-dessus, hautes d'un pied, dont le fond mesure environ un demi pied carré. Sur les parois comme dans le fond, il se trouve beaucoup de petits trous pour l'écoulement du petit-lait ; et ces moules se placent de manière qu'on puisse recueillir le petit-lait qui s'écoule. Cela a lieu assez tôt, et endéans 24 heures, la masse se tasse dans le moule même sans pression à l'épaisseur ordinaire de ces fromages. On enlève alors ces fromages encore tout mous et on les place sur un égouttoir en bois dont la largeur correspond à celle des moules, de façon à ce qu'ils reposent sur le côté étroit et que, du côté large, ils soient serrés l'un contre l'autre. Sur le fond de cet égouttoir, on met des brins de paille qui favorisent l'écoulement du peu de petit-lait restant.

Dans ces coulisses, les fromages sont pendant plusieurs jours retournés et changés, pour les rendre plus secs, plus consistants et leur donner leur forme carrée.

Au bout de 4 à 5 jours, on place les fromages sur des étagères à fromage ordinaires sur leur côté étroit, on les éloigne un peu l'un de l'autre, et on les retourne encore plusieurs fois.

La salaison se fait au bout de 8 jours environ, et de la manière suivante : les fromages sont superposés par couches et entre chaque couche, on met une assez grande quantité de sel, qui doit se régler d'après les circonstances et d'après l'expérience. Alors on ne touche pas à ces fromages jusqu'à ce que tout le sel y ait pénétré. Après quoi on les replace de nouveau sur les étagères ordinaires, garnis de brins de paille comme plus haut, et ils se sèchent au contact de l'air et sont souvent retournés. Si, au bout de quinze jours ou trois semaines, ils paraissent trop secs, on peut les laver quelquefois avec de l'eau salée. On les met alors en paquets l'un sur l'autre dans des caisses ou des corbeilles, d'où on les retire quelquefois pour les humecter avec de l'eau salée.

Au bout de quelques mois, ces fromages, quoique pas encore tout à fait mûrs, sont propres à être vendus. La couleur de ce fromage d'abord blanche devient, lorsqu'il est mûr, totalement jaune et rougeâtre à l'extérieur.

C'est parce que le fromage de Limbourg n'est pas du tout pressé et qu'il est peu travaillé, qu'il se maintient très-humide et très-mou; et ce sont les parties liquides qui y restent et qui probablement se décomposent de plus en plus, ainsi que la quantité de sel qui s'y trouve qui lui donnent le goût et l'odeur forts qu'on lui connaît.

La fabrication de cette espèce de fromage, depuis la description que j'en ai donnée et depuis la mise en pratique dans les métairies royales, s'est beaucoup répandue dans le sud de l'Allemagne. Le procédé est resté en partie le même que ci-dessus, et en partie on a cherché à l'abréger en ne faisant pas chaque fromage dans un moule séparé, mais en versant la masse caséeuse dans des moules plus grands, et en coupant après cette masse en petits fromages de la forme habituelle, enfin en traitant ceux-ci comme plus haut. L'originalité de la fabrication et du produit y perd un peu.

Le procédé de confection du fromage de Limbourg est, d'après cela, extrêmement simple, peu dispendieux et praticable même en petit par tout cultivateur.

§ 254.

Fabrication du fromage de Chester. Ce que je donne à ce sujet, résulte d'observations et de notes exactes prises à Chester même où j'ai assisté pendant 24 heures à cette fabrication.

Le lait de 29 vaches avait été destiné pour la fabrication d'un fromage d'environ 50 livres. Le lait de la veille au soir fut écrémé. Ce lait écrémé fut, sans être chauffé, mis dans un vase en bois ; alors on y ajouta tout autant de lait trait le matin et ayant la chaleur naturelle. Pour chauffer un peu la crème qu'on avait enlevé du lait de la veille, on y ajouta un peu de lait chaud de la vache, et puis on la versa aussi dans le lait. Par un temps frais cette crème, et par un temps plus frais encore même le lait écrémé sont préalablement chauffés dans de l'eau placée sur le feu. Tout le lait destiné à servir à la confection du fromage est à peine tiède, quand on y ajoute la présure. Si le fromage se faisait avec du lait fraîchement tiré, on laisserait celui-ci se refroidir un peu. Mais beaucoup de personnes croient que, sans l'addition du lait du soir, la coagulation du lait ne se ferait pas aussi bien. Avant d'ajouter la présure, on met la substance colorante (l'Orléans), qu'on a fait dissoudre dans de l'eau depuis la veille au soir jusqu'au matin. La quantité de cette substance colorante dépend de la couleur jaune plus ou moins intense qu'on veut donner au fromage. Pour un fromage de 50 livres on en prit environ 1/2 pouce cube. Après avoir mis la présure, on recouvre le lait d'un couvercle avec une petite ouverture et on le laisse tranquille pendant une heure ou cinq quarts-d'heure. Alors la masse est brisée avec un vase plat en bois. Puis vient le brisement ordinaire de la masse à la manière suisse avec la main, ou bien avec un plateau rond en fil de fer fixé au bout d'un manche. Ce brisement dure environ 15 minutes. Les morceaux de caillé restent de la grosseur d'un pois. On laisse alors reposer la masse 10 minutes mais sans qu'elle se refroidisse tout à fait.

Alors on travaille le caillé dans la cuve de bois en le remuant lentement de bas en haut et en cercle, puis deux personnes roulent, pour ainsi dire, la masse de bas en haut vers un côté de la cuve où on la recouvre pendant 7 ou 8 minutes d'une planche et d'un poids; on fait la même opération de l'autre côté et, au bout de 5 minutes, on enlève le petit-lait du caillé qui se trouve chargé d'un poids et on laisse couler le petit-lait à travers un tamis qui retient les parties de caillé qui pourraient être entraînées.

Après cela, on coupe avec un grand couteau le caillé en gros morceaux, on les amasse d'un côté de la cuve et on les charge d'un poids après les avoir préalablement saupoudrés d'une poignée de sel.

Le petit-lait est enlevé au fur et à mesure qu'il s'accumule. Tout ce procédé de division, de salaisen, de pression et d'enlèvement du petit-lait se répète encore une fois. Pour pouvoir exprimer davantage le caillé, on étend un linge grossier dans une cuvette haute percée tant sur ses parois que dans son fond de petits trous et placée elle-même dans une cuve plate; le caillé coupé par des sections transversales et cruciales en petits cubes est placé très-légèrement sur ce linge, et on ne le brise que très-peu avec la main; quand la cuvette est à moitié pleine, on répand une forte poignée de sel, de même quand elle est à trois quarts et enfin quand elle est pleine.

On ferme le linge au-dessus en le fixant avec des broches. Dans cette cuvette percée, recouverte au-dessus d'une planchette et placée dans la cuve plate, le caillé est soumis à une légère pression. Au moyen de broches d'un pied et demi de longueur, on perce à différentes reprises le caillé à travers les trous de la cuvette, pour faciliter l'écoulement du petit-lait. On fait agir la presse de plus en plus fortement. Après une demi-heure on retire le caillé, on le coupe en grands morceaux d'un demi pied cube, on y verse du sel; puis dans quelques vases, on le travaille et on le brise avec la main en fragments dont les plus gros ont un pouce cube, on verse un peu de petit-lait dessus, puis, comme la première fois, on le remet dans le linge et la presse, et on perce de nouveau avec les broches, etc. On laisse durant quelques instants les broches fixées, pour les changer de temps en temps de place. Après une heure, le caillé devenu déjà assez sec est de nouveau retiré, on le coupe de nouveau en morceaux d'environ un demi pied cube, et on le travaille et le divise encore avec la main. En même temps, on goûte la masse pour voir si elle est salée à point (elle doit être douce et son goût salé très-agréable), si on ne la trouve pas encore assez salée, on la travaille encore avec du sel. On met la masse dans le moule en bois, dans lequel on adapte l'anneau de fer-blanc, et on y fait entrer le linge. La compression se fait à trois gradations et dans trois sortes de presses.

Le fromage vient d'abord sous la première presse légère. (On a toujours soin d'implanter les broches et de les changer.) Là, il reste une heure, on le retourne alors dans la forme, on met un nouveau linge et on le place de nouveau sous la presse. Après 5 ou 6 heures, encore une fois. Le lendemain matin et à midi de nouveau. Le soir, on le retourne de nouveau et on le met sous une presse plus forte.

On le traite ainsi pendant 4 jours en le tournant tous les jours deux fois et en changeant de linge, jusqu'à ce que les linges ne se mouillent plus du tout. Sur la dernière presse agit une pierre de 8 à 9 pieds cubes sans emploi de levier. Après cela, on place le fromage dans son moule dans la chambre à fromage, on enlève l'anneau de fer-blanc, mais à la place de celui-ci, on lie le fromage à la partie située en dehors de la forme avec une bande en toile; tous les jours on sale un peu, on retourne et on lie. (Par-ci par-là, on charge le fromage d'une dalle d'ardoises.)

Au bout de 4 à 5 jours, on le retire de la forme, mais on le serre avec des bandes de toile et on le sale encore pendant 4 jours; puis on le lave avec de l'eau chaude ou du petit-lait; après quinze jours, on l'enduit de beurre; après 6 semaines, on le porte dans un magasin sec, le plus souvent dans le grenier au-dessus des étables, où on dit qu'il mûrit mieux. On le frotte souvent. S'il est nécessaire on laisse les bandes pour qu'il ne perde pas sa forme. Au bout de 8 mois ou un an, il mûrit.

§ 255.

Fabrication du fromage suisse. On fait à la vérité en Suisse des fromages de qualité très-différente, et on ne procède pas partout de la même manière; mais en principal la méthode de faire le fromage en Suisse est assez uniforme et la différence la plus essentielle dans les diverses variétés y provient principalement de la qualité du lait qui a été employé.

On fabrique en Suisse des fromages très-gras, gras, demi-gras et maigres; du premier pourtant il s'en fait proportionnellement peu, et le dernier est, la plupart du temps, consommé en Suisse même. Celui qu'on mange de la meilleure qualité en Allemagne provient du lait gras, ainsi l'Emmenthal qu'on aime tant. Pour le fromage suisse ordinaire tel qu'il est répandu et recherché dans toute l'Allemagne, on prend ordinairement du lait plus ou moins écrémé.

En décrivant, comme suit, le procédé pour le fromage gras, j'aurai soin d'ajouter en même temps les modifications qui deviennent nécessaires, si on travaille avec du lait chargé d'excès de crème, ou avec du lait maigre.

Le lait fraîchement trait est versé dans la chaudière à fromage placé au-dessus d'un feu; on le chauffe doucement jusqu'à 25° à 30° Réaumur; en hiver, au degré de température plus élevé, en été, au degré plus bas.

Plus le lait est gras, plus il doit être chauffé;

plus il est maigre, moins il doit être chaud. Si on ajoute encore de la crème au lait pour faire du fromage très-gras, ou bien si le lait du soir avec sa crème (car dans ce cas on doit toujours auparavant enlever la crème) est joint au lait du matin, on doit d'abord chauffer la crème et la mêler avec soin au lait préalablement chauffé.

Pour faire du fromage demi-gras, on écrème le matin le lait de la veille au soir, ou même celui du matin, après qu'il a reposé deux ou trois heures et on emploie le tout ensemble sans la crème. Pour du fromage maigre, on prend le lait écrémé à moitié au bout de 12 heures, et à moitié au bout de 24 heures.

Aussitôt que le lait a acquis la température voulue, on y ajoute la quantité nécessaire de présure, on remue bien le tout, on retire la chaudière du feu, on la recouvre et on la laisse d'abord reposer tranquillement.

Au bout de 10 à 15 minutes, la masse doit être caillée de telle sorte qu'elle apparaît comme une masse gélatineuse. Un signe ordinaire auquel les Suisses reconnaissent que le caillé est bon, c'est lorsque la cuillère en bois, qu'aussitôt après avoir ajouté la présure on laisse nager au-dessus du liquide, laisse lorsqu'on la retire une empreinte visible sur la superficie. Mais si la masse n'est pas caillée, même au bout de 20 minutes, on ajoute 1/4 ou 1/5 de présure en plus et on chauffe le lait à une température plus haute de quelques degrés.

La masse caséeuse encore imprégnée de petit-lait est divisée d'abord avec le couteau en bois (dit épée), ensuite avec la cuillère, puis avec la main et enfin en le remuant fortement avec le moussoir. Il importe beaucoup que le fromage soit divisé en autant de petites parties que possible, car plus les parties sont divisées, plus elles se séparent du petit-lait, et meilleur le fromage devient. On peut donc admettre que pour peu que le fromage soit grand, cette opération prendra un quart d'heure. Quand on commence à remuer avec le moussoir (et plus tôt si la masse est froide), on remet la chaudière sur le feu et là on continue à remuer d'abord plus lentement et insensiblement plus vite pendant cinq minutes, de sorte que la masse se chauffe jusqu'au point qu'on puisse justement encore y souffrir le bras, ce qui fait ordinairement un peu plus de 30°. Entretemps, la personne qui fait le fromage travaille quelquefois avec ses mains, car le but de cette opération est la plus grande division possible des parties caséeuses. En même temps, celles-ci doivent prendre par la chaleur une autre nature, devenir plus gluants et se laisser finalement réunir en une masse.

C'est une faute que commettent fréquemment des personnes négligentes de ne pas assez diviser et de s'imaginer de pouvoir y suppléer en chauffant un peu plus fort. Un certain degré de chaleur est nécessaire pour que les parties caséeuses se contractent et se laissent plus facilement réunir en masse ; mais du moment qu'on chauffe trop fort, le fromage devient trop ferme et plus tard cassant.

Lorsque la masse est suffisamment divisée et chauffée, on la retire du feu et on la laisse reposer, jusqu'à ce que toutes les parties caséeuses se soient déposées au fond. Alors on presse avec les mains la masse en une boule ; on fait passer avec soin le linge sous celle-ci ; on retire ainsi le fromage, et on le place dans le moule placé sous la presse. On replie le linge au-dessus, on applique le couvercle et on laisse agir le poids de la presse. Pour de grands fromages, on dit qu'il vaut mieux augmenter insensiblement le poids et ne pas mettre, dès le commencement, toutes les pierres. Il va de soi que la forme doit être placée de telle sorte que le fromage ressorte en saillie d'environ un doigt.

Après une heure, on retourne le fromage dans le moule, on rétrécit celui-ci et on fait rentrer les arêtes, qui, par la pression, se sont formées au-dessus du bord. On renouvelle encore plusieurs fois cette opération dans l'intervalle des 10 premières heures, et chaque fois on soulève un peu le fromage, on remplace aussi chaque fois le linge mouillé par un sec, et enfin, au bout de 12 heures, on enlève définitivement le linge.

Maintenant le fromage reste encore douze heures (en tout donc 24 heures) sous la presse, alors on l'en retire et on le met à sécher sur l'étagère.

Après que le fromage qui vient de quitter la presse, est resté quelques jours à sécher dans un endroit modérément aéré, on le place dans la chambre à fromage où les fromages sont rangés sur les étagères d'après leur âge. C'est là que commence la salaison ; on frotte en premier lieu au moyen d'un lambeau de toile le bord avec une forte saumure, ensuite on répand sur le fromage une couche mince de sel fin. Le lendemain matin, on frotte avec une brosse ou avec un linge le sel appliqué la veille ; et, un peu après, on retourne le fromage pour saler de la même manière la face qui était jusque-là l'inférieure. On continue chaque jour de la même manière à retourner, saler et frotter, de même on frotte tous les deux jours le bord avec de l'eau salée.

Selon que le fromage est grand et gras, on continue cette manœuvre pendant deux jusqu'à quatre mois. Lorsqu'on trouve qu'il ne prend plus bien le sel, on ne sale plus que tous les deux ou trois jours ; on peut aussi alors, s'il y a manque de place, mettre deux fromages l'un sur l'autre et répandre du sel entre les deux, mais on doit avoir soin de changer les faces de façon à mettre celle de dessous dessus et *vice versâ*. Enfin, quand le fromage est devenu modérément dur, et ne prend presque plus de sel, on cesse tout à fait de saler. La consommation de sel varie selon les circonstances, on peut compter une ou deux onces de sel pour une livre de fromage.

Avec le temps, ce fromage gagne une croûte sale, noirâtre ; on doit la racler avec un couteau émoussé, surtout s'il s'y montre en même temps de la moisissure.

Plus le fromage est grand et gras, plus il doit rester de temps avant d'être mûr et bon à manger ; des fromages grands et gras doivent être âgés d'un an ; de plus petits fromages sont déjà bons à manger au bout de six mois.

Du petit-lait restant après la séparation du fromage, le Suisse sait préparer une deuxième espèce de fromage, le séret.

A cette fin, on procède de la manière suivante : aussitôt que le fromage est enlevé, on remet le petit-lait sur le feu, et on l'amène à ébullition. Dès qu'il bout on y verse pour chaque 120 litres de lait environ 4 à 6 litres d'acide lactique et en même temps à peu près le double d'eau froide. Si, au lieu d'eau, on prend du lait de beurre ou du lait écrémé, cela n'en vaut que mieux. On amène de nouveau cette masse en ébullition, et aussitôt qu'elle en est là, le séret se pose en flocons à la superficie ; on l'enlève au moyen d'une écumoire plate, et on le filtre à travers un tamis.

En été, il arrive souvent, à cause de la grande tendance du lait à se cailler et à s'aigrir, que, dès la première ébullition avant qu'on n'ait ajouté de l'acide lactique, une partie du séret surnage ; celui-ci est alors meilleur et plus gras, que celui qu'on en sépare encore après.

§ 256.

Fabrication du fromage de Parmesan nommé aussi *lodisan*. Le fromage de Parmesan appartient aux fromages les plus recherchés. Il a une saveur agréable, tout à fait particulière, il se conserve plus longtemps que les fromages plus mous, et il n'acquiert jamais comme ceux-ci une odeur et une saveur rances ou même putrides. Il se fait de lait en grande partie écrémé et par une température élevée.

Les vaches, dont on emploie le lait pour faire du Parmesan, sont traites deux fois par jour, le matin à la pointe du jour ou plus tôt et le soir à cinq heures. Lorsque le lait a déposé une partie de sa crème, on enlève celle-ci, et on en fait du beurre ; et le lait est versé dans de grandes marmites en cuivre qui contiennent 12 à 14 litres et dans lesquelles on le laisse reposer à un endroit frais jusqu'au lendemain matin.

Alors, on le met dans la chaudière à fromage, on le chauffe sur un feu modéré jusqu'à 22° ou 24° de chaleur, et par la présure on le fait cailler. (On obtient la présure en séchant au feu ou au soleil les estomacs des veaux avec le lait qu'ils contiennent, en les coupant avec un couteau, en les mé-

langeant avec du sel pour empêcher la putréfaction
et en les conservant pour l'usage dans un vase bien
fermé.)

Pour douze seaux de lait, on prend environ 3
onces de présure. On enveloppe celle-ci dans un
morceau de toile, on la trempe dans le lait, et
tandis qu'une autre personne remue constamment
le lait, on presse la présure avec les doigts jusqu'à
ce qu'on trouve qu'elle est à peu près dissoute; on
recouvre alors la chaudière, et on éteint le feu.
Lorsque le lait est caillé, ce qui arrive au bout de
trois-quarts d'heure à une heure, on fait sous la
chaudière un feu de flamme avec du bois de com-
bustion rapide; et on remue assidûment la masse
avec un bâton pourvu de pointes transversales,
jusqu'à ce que les parties caillées se soient divisées, on ajoute alors du safran en poudre fine, sur
800 litres environ 30 grains.

Après le premier feu flamboyant, au bout d'un
quart d'heure, on en fait un autre également, et,
avec un autre bâton qui porte à son extrémité
inférieure une espèce de plateau, on continue sans
interruption à remuer la masse jusqu'à ce que le
liquide atteigne 25° de chaleur. On reprend alors
le bâton à pointes transversales, pour diviser la
pelotte aussi finement que possible.

Lorsque cela a été fait, on recommence à remuer sans interruption avec le bâton à plateau et
on échauffe le liquide sur un nouveau feu à 42-44°
Réaumur; alors on retire la chaudière du feu. La
masse reste en repos tranquillement dans la chaudière pendant un quart d'heure. Quand toutes les
parties caséeuses se sont déposées au fond, on enlève
le petit-lait qui les recouvre jusqu'à ce qu'il n'y en
ait plus qu'une dixième partie. Alors celui qui fait

le fromage se penche au-dessus du bord de la haute chaudière, presse avec les deux mains les parties caséeuses en une masse ferme, ce qui est achevé en cinq minutes : il fait ensuite pénétrer entre le fond de la chaudière et la masse caséeuse un linge assez long, de telle sorte que la masse repose sur le linge. Pendant qu'il tient le linge, une seconde personne verse de nouveau le petit-lait dans la chaudière pour que la masse lourde de fromage soit plus facile à retirer de la chaudière, ce que font deux personnes qui tiennent le linge par les deux extrémités. Ensuite, le fromage arrive dans des vases troués pour que l'eau puisse s'en écouler, de là il va dans une forme faite avec un large cerceau en bois, qui est maintenu ensemble par une corde. Dans cette forme, le fromage toujours entouré du linge reste jusqu'au soir sur une table un peu en pente ; mais on ne met aucune charge sur lui. Ensuite on le place dans sa forme dans le caveau à fromage qui est un petit caveau au rez-de-chaussée, dont les fenêtres sont au nord et fermées pour qu'il n'y ait pas de courant d'air et que la température ne s'y échauffe pas trop facilement. Le lendemain, on enlève le linge, et on laisse reposer le fromage pendant quatre jours. Alors on commence à lui donner du sel et les Lombards prennent à cet effet du sel marin. On répand le sel sur la superficie du fromage, où il se dissout et pénètre à l'intérieur.

Dans les 20 premiers jours, on retourne journellement le fromage et on le saupoudre de sel. Les 20 jours suivants, on ne le retourne et on ne le sale que tous les deux jours. On compte pour une livre de fromage 3/4 onces de sel. Si on manque d'espace, on superpose deux fromages l'un sur l'autre. Mais aussi longtemps que le fromage est dans la chambre, il reste entouré de son cercle. Au bout de 40 jours, il est assez ferme et suffisamment salé pour être mis en magasin. Celui-ci est un autre caveau spacieux et élevé qui doit être sec et dans lequel le soleil ne doit pas pénétrer. Là, on place les fromages sur des planches contre les murs, après les avoir raclés, et, avoir versé dessus du petit-lait chaud, en avoir comprimé la croûte avec un bois plat et avoir finalement enduit les fromages d'huile de lin. Dans le magasin, on retourne chaque fromage deux fois par jour et tous les deux jours on les graisse. Les jours de Saint-Pierre, Saint-Paul, 29 juin, Saint-Michel, 29 septembre, sont les époques de la vente. Le cultivateur vend ordinairement sa production de fromages à des marchands ; ceux-ci les conservent pendant des années dans de vastes magasins sur de grandes étagères, car l'âge augmente tellement la valeur de ce fromage que, tandis que le quintal de fromage de l'âge de 8 mois se vend à raison de 20 florins, on paye volontiers 40 florins pour le fromage de quatre ans.

§ 257.

Relativement aux *résultats économiques* de la fabrication du fromage comparée à la fabrication du beurre, je ne puis rien donner de meilleur et de plus positif que les résultats que j'ai obtenus dans ma propre laiterie, et qui sont constatés avec exactitude et répétés annuellement. Je les prends pour la moyenne des résultats qu'on peut obtenir. Chacun, selon les conditions locales, y appliquera l'échelle voulue.

HOHENHEIM.

RÉSULTATS DE LA FABRICATION DU FROMAGE.

Fromage demi-gras.

66 litres lait fraîchement trait, puis
36 »   lait de la traite de la veille, se réduisant, après
           l'enlèvement de la crème, pour en faire du
           beurre, à 30 litres, donc
102 »   lait, dont 96 pour faire du fromage (présuré
           à 32° R.), ont donné :
De fromage demi-gras. . . . . 18 1/2 liv.
Environ 10 p. c. perte jusqu'à sa maturité.   2   »
                                        ───────────
                          Reste. . . .   16 1/2 liv.

A 50 centimes, fait. . . . . fr.   8 25
   Un peu moins que 6 litres pour 1 livre de fro-
mage mûr.
Beurre doux 1 3/4 liv. à fr. 1. . . . .   1 75
Beurre du petit-lait (1) 1 3/8 liv. à 50 centimes.   69
                                        ───────────
                          Total. . . .   10 69

Ce qui fait, pour 102 litres, environ 10 centimes par
litre.

(1) En laissant reposer dans la cave à lait le petit-lait doux qui
reste après la fabrication du fromage, on peut encore obtenir un peu
de crème qui ne s'est pas séparée par la fabrication et qu'on nomme
beurre de petit-lait ; quoique de qualité inférieure, il ne doit pas être
négligé par le fabricant, car ainsi la livre de fromage peut lui revenir à quelques centimes meilleur marché.

Fromage de Limbourg.

66 litres lait du matin, fraîchement tiré, et
42　»　lait du soir,
36　»　après enlèvement de la crème pour faire du
　　　　beurre, donc en tout :
108　»　dont 102 pour faire du fromage (présuré à
　　　　24° R., chaleur de la vache).

　　　　On en prit :

50　»　pour faire du fromage à la manière limbour-
　　　　geoise,
52　»　pour faire du fromage à notre manière, c'est-
　　　　à-dire en caisses plus grandes, d'après la
　　　　description § 253.

On obtint :

11 livres fromage forme de Limbourg.
14　»　　　»　de Limbourg d'après notre manière.
　　　　(Ce produit plus grand est attribué par la
　　　　personne qui fait le fromage, à ce que, par
　　　　la manière limbourgeoise, il s'écoule plus
　　　　de matière caséeuse par les trous.)

　25 livres.

　En dépôt il ne perd plus rien :
　Ainsi, de 4 litres de lait 1 livre de fromage.
25　　livres à 50 centimes, fait. . . . . fr.　12 50
1 3/4　»　beurre doux, à fr. 1. . . . .　1 75
Beurre de petit-lait (moins qu'avec le fromage
suisse, parce qu'il reste davantage dans la
masse) — 1 livre. . . . .　50
　　　　　　　　　　　　　　　　　　　　　fr.　14 75

Ce qui fait de 108 litres, par litre environ 13 centimes.

Fromage suisse gras.

40 litres lait entier avec crème de la veille.
68   »   lait fraîchement tiré.

———

108 litres (présurés par 29° R.)

De cela on a obtenu :

Fromage gras, frais.   23   liv.
A décompter pour perte 10 p. c.   2 5/10   »

Reste. . . .   20 7/10 liv.

A 60 centimes. . . . . fr.   12 42
Fait environ 5 1/4 litres pour 1 livre fromage.
Beurre de petit-lait 1 1/2 liv. à 50 centimes. . .   75

fr.   13   17

Ce qui fait de 108 litres, par litre environ 12 centimes.

Fromage de Chester.

62 litres lait tout frais.
56   »   lait de la veille au soir avec crème.

———

118   »   (présurés à 24° R.)

Fromage obtenu : 23 livres.

Il perd très-peu en dépôt ; il faut donc à peu près, comme pour le fromage suisse, environ cinq litres et demi pour un fromage.

Le beurre de petit-lait est de même ; le prix

peut être admis également comme identique, donc le litre de lait rapporte environ 12 centimes.

En revanche, il n'y a pas de dépense en chauffage, qui, du reste, n'est pas considérable.

La consommation de bois de chauffage, pour faire à chaud du fromage d'environ 100 litres de lait, peut s'élever à 12 centimes.

Le petit-lait peut se vendre par 20 litres à 12 centimes, ou bien on peut en tirer parti pour l'entretien de porcs. Sur cinq vaches à 16 ou 1,800 litres produit annuel en lait, on peut tenir un porc et réaliser par celui-ci, après déduction du prix d'achat du cochon de lait, 30 à 35 francs ; ce qui peut indemniser pour le chauffage, le sel, le gage plus fort qu'on est obligé de donner à un laitier qui s'entend à la confection du fromage et pour la perte de temps.

Dans une pratique convenable et avantageuse de la laiterie, l'entretien de porcs est essentiel ; et, par une élève porcine bien entendue, on peut augmenter considérablement le produit de la laiterie.

En comparant le rendement de la fabrication du fromage, par exemple à la vente du lait en nature, il faut encore considérer que, pour la confection de fromage, il faut un capital pour l'établissement du local, que le fromage doit se garder en moyenne six mois avant de pouvoir le vendre et qu'il y a, en outre, d'autres pertes.

Beurre frais et fromage maigre.

38 litres lait, dont
  6   »   de crème, enlevée au bout de 24 heures, et
32   »   lait écrémé pour faire du fromage maigre ;

Donnent :

2 3,8 liv. de beurre frais à fr. 1 . . . . fr.   2 38
Ainsi 16 litres de lait pour 1 livre de beurre.
          5 1/4 liv. fromage maigre (présuré
                    à 26° R.)
Perte 10 p. c.   1,2 »
                ____
Reste. . . .   4 3/4 liv. à 25 centimes 1 18
                                      ____
                                  fr.   3 56

Beurre de petit-lait 0, parce que toute la crème est enlevée.

Pour 38 litres de lait, 1 litre rapporte env. 9 centimes.

Beurre aigre et fromage aigre.

30 litres de lait, dont
5   »   crème, enlevée après trois fois 24 heures,
donnent :
2 1/4 livres beurre aigre, à 60 centimes . . fr.   1 35
  Ainsi 13 1/3 litres pour 1 livre de beurre.
5 livres fromage aigre à 12 centimes.   60
                                      ____
                                  fr.   1 95

'Sur 30 litres, 1 litre rapporte 6 1/2 centimes.

En comparant ce produit avec celui du beurre doux, il faut naturellement tenir compte de ce que le beurre doux, s'il était plus généralement fabriqué, ne resterait pas à un prix relativement si élevé.

14.

§ 258.

Dans ce qui précède, j'ai, par expérience et par conviction, parlé en faveur de la fabrication du fromage comme branche économique; et il me serait facile de citer plus d'un exemple de contrées où on ne s'occupait pas de confection de fromages et où, d'après mes conseils, on le fait maintenant avec le meilleur succès; pourtant, je ne puis assez conseiller de se tenir sur ses gardes et de ne pas se laisser tenter par le prix élevé que se paye l'une ou l'autre espèce étrangère de fromage, comme objet de luxe, et, par ce motif séduisant, de vouloir fabriquer précisément cette espèce. Car ce qui renchérit ordinairement cette qualité, c'est précisément la circonstance que c'est un objet de luxe, qui vient de loin et que, moyennant le prix élevé, on peut l'obtenir de la meilleure source. Mais si on la fabrique dans le pays même, ce produit cesse d'être un objet de luxe; on arrivera rarement à le faire aussi bien que dans sa véritable patrie, on ne trouvera pas d'acheteurs, si ce n'est aux prix ordinaires des fromages. Aussi, pour introduire la fabrication d'une espèce de fromage, n'en faut-il pas choisir une à procédé compliqué et qui exige des conditions particulières. Qu'on adopte une préparation simple du fromage qui se consomme le plus ordinairement dans une contrée donnée. On se trouvera, la plupart du temps, en Allemagne, le mieux de la fabrication du fromage limbourgeois ou suisse.

IV. — Emploi des bêtes bovines au trait.

§ 259.

La valeur de l'emploi au trait des bêtes bovines est liée si intimement aux conditions générales d'une exploitation, qu'une dissertation à ce sujet dépasserait évidemment les limites d'un livre sur l'élève bovine.

Celui-ci ne peut s'occuper tout au plus que des points suivants :

Généralités sur l'emploi des bêtes bovines au trait ;

Dressage et acquisition des bêtes bovines pour le service du trait ;

Emploi des vaches au trait ;

Mode d'attelage ;

Alimentation et entretien du bétail de trait.

§ 260.

L'emploi des taureaux et des bœufs au trait, soit seul, soit combiné avec le travail de chevaux, est considéré, chez nous, dans le sud de l'Allemagne, comme tellement avantageux, qu'il prend de plus en plus de l'extension. Je ne puis, du moins pour nos conditions locales, y trouver quelque chose à redire ou en signaler des inconvénients particuliers. Comme appréciation pour d'autres contrées, je me permets de citer ce qu'en dit Koppe, dont je partage entièrement l'opinion :

« Dans toutes les contrées où il n'existe pas une prévention contre l'emploi des bœufs au trait : où, par conséquent, les ouvriers ordinaires ont l'habitude nécessaire pour conduire et traiter ces animaux, le travail des champs se fait tout aussi bien avec eux qu'ailleurs avec des chevaux. Mais les ouvriers doivent avant tout être habitués à ces animaux. Le paysan de l'Oderbruch ne tient qu'exceptionnellement des bœufs de trait, et alors uniquement pour la charrue. Je puis donc, par expérience, parler des difficultés qui ont surgi, lorsque j'ai voulu employer mes bœufs de trait au charriage, et maintenant encore je dois choisir les domestiques qui montrent du goût et de l'adresse pour ne pas rencontrer dans les chemins les chariots attelés de bœufs, qui mettent obstacle au travail des autres. Cela est d'autant plus surprenant que, sur d'autres domaines dans mon voisinage, des garçons de quatorze ans conduisent des attelages de quatre forts bœufs et exécutent avec eux tous les travaux sans même en excepter le hersage. Donc, pour juger de la convenance des bœufs au trait, il faut avoir habitué ses ouvriers à la conduite de ces animaux, et ils doivent le faire avec goût. Si on a obtenu cela, je ne puis pas, pour les labeurs ordinaires et pour les charriages à l'intérieur du domaine, trouver de différence entre le travail des bœufs et celui des chevaux, si ce n'est pour le hersage et pour la rentrée des moissons, lorsqu'on veut les faire au trot; allure pour laquelle le bœuf n'est à la vérité pas conformé. Sur de grands domaines où il vaut la peine de tenir deux sortes d'attelages, je suis bien décidément d'avis qu'il convient de faire faire une partie des travaux d'attelage par des bœufs. J'ai toujours trouvé, par des calculs exacts, que le travail par les bœufs coûte un peu moins que le travail par des chevaux. »

§ 261.

Le jeune bétail qu'on ne destine pas à la reproduction, les taureaux châtrés peuvent très-convenablement, un peu avant d'arriver à l'âge de deux ans, être habitués au trait pour les travaux agricoles. Pour les habituer à ce travail, on cherche à appareiller des bœufs de grandeur et de force égales, et aussi pour pouvoir les vendre facilement de même forme et robe, et on confie à un homme entendu le soin de les dresser à leur service. Si on veut dresser pour le trait de jeunes bœufs ou même des bêtes femelles, on se sert beaucoup, dans le sud de l'Allemagne, du joug double, parce qu'avec celui-ci ils sont le mieux forcés de se soumettre (pourtant le dressage avec le simple joug se pratique également avec facilité); on fait promener à vide les animaux pour les habituer l'un à l'autre dans le mouvement et dans l'allure, puis on les attelle soit en avant, soit en arrière d'une paire de bœufs plus vieux, très-actifs et parfaitement dressés, en ne les faisant tirer que peu au commencement et insensiblement davantage. Il faut plusieurs jours pour apprendre aux jeunes bœufs à marcher seulement d'une manière égale et avant qu'on puisse exiger d'eux un travail de trait un peu fort. On les attelle enfin à un véhicule plus léger pour qu'ils le traînent sans l'aide d'autres bœufs, jusqu'à ce qu'ils soient dressés au point de pouvoir en tirer un bon parti. Quand on attelle les bœufs si jeunes, ce qui est avantageux autant pour la vente que pour les y habituer plus facilement, on doit prendre en considération leur croissance corporelle, et ne pas les atteler chaque jour, mais tous les deux jours: de même pas toute

une journée, mais une demi journée seulement,
tant pour ne pas trop épuiser leurs forces et s'opposer ainsi à leur développement ultérieur, que
pour leur rendre le travail moins onéreux, leur
y faire prendre goût et enfin pour ne les dresser
qu'insensiblement et au fur et à mesure que leur
force corporelle se développe. Pour dresser les
bœufs au travail, il faut beaucoup de patience et
de douceur, car sans cela on les rend timides,
craintifs ou rétifs. De l'assurance au trait dans
tout ce qui peut arriver, de l'agilité et de la légèreté dans la marche, de la force, de la vigueur, de
la dureté dans les mouvements, des onglons solides, telles sont les qualités principales d'un bon
bœuf de trait, qu'on doit choisir et chercher à dé-
velopper le plus possible.

§ 262.

L'élève du jeune bétail pour le trait n'est pas
avantageuse partout, d'abord à cause du prix plus
élevé de la nourriture nécessaire, ensuite parce
que, dans une stabulation complète, on ne développe pas suffisamment l'aptitude au trait; c'est
pourquoi, dans ces circonstances peu favorables à
l'élève propre de bétail de trait, on fait mieux de
se décider à en acheter. Dans les contrées où les
conditions locales sont favorables à l'élève du
jeune bétail pour le trait, contrées où se trouvent
des pâturages rudes, où les animaux s'endurcis-
sent, où les sabots deviennent durs, etc., on doit,
ne fût-ce que pour la vente assurée du jeune bétail
en d'autres contrées, donner à ces jeunes bêtes
tous les soins qui font espérer une bonne aptitude
au trait, et, par conséquent, une vente avanta-

geuse. Il faut déjà, dans le choix des veaux que l'on destine à élever, viser à une aptitude très-décidée au trait, et travailler par la surveillance la plus assidue dans l'éducation, à produire un développement corporel aussi complet que possible, parce qu'un bétail fort, relativement grand et de bonne croissance, vaut toujours plus qu'un mauvais bétail, et que l'éducation du premier n'entraîne pas en nourriture, peines et temps une dépense beaucoup plus considérable. Dans le dressage, on doit employer des moyens qui entravent le moins le développement du corps et donner sous ce rapport une aptitude plus grande qui n'est pas sans importance pour la vente.

§ 263.

Dans l'acquisition du bétail de trait, il est toujours bon de ne le choisir que dans des contrées où il a été tenu d'une manière un peu rude, et où on le vend à l'état maigre, parce qu'il réussit beaucoup mieux que du bétail provenant de contrées où la qualité de la nourriture est supérieure à celle que l'acquéreur aurait à donner sans grands frais. L'acquisition du bétail de trait se fait toujours plus avantageusement à un âge où on peut réclamer de lui un plein travail, parce qu'il gagne ainsi une grande partie de sa nourriture, et qu'on peut mieux juger de son aptitude au trait, qu'avec du bétail trop jeune. Les bêtes de trait réclament aussi à partir de leur dressage de 2 1/3 à 3 ans jusqu'à leur complet développement après la cinquième année, quelque ménagement, pour laisser arriver le développement jusqu'à la perfection nécessaire à l'aptitude du trait. A partir de la quatrième ou cinquième année, le bœuf est le plus propre à ce service, et il se maintient ainsi jusque vers la huitième année; après ce temps, il devient ordinairément raide et lent dans ses mouvements; il commence à ne plus bien fournir les travaux du trait.

Mais restassent-ils même vigoureux au travail à un âge plus avancé; plus longtemps on les conservera pour le trait au delà de l'âge indiqué, plus ils perdront en valeur pour l'engraissement. (*V. plus haut.* « Engraissement. »)

§ 264.

L'emploi même des vaches au trait commence à se propager de plus en plus dans les exploitations rurales, petites et moyennes, du sud-ouest de l'Allemagne.

Koppe parlant d'autres contrées en dit : « Il a été conseillé par quelques personnes d'utiliser les vaches pour le travail, et on a voulu en obtenir de grands avantages. Si on a en vue d'établir cette disposition dans de vastes exploitations, je ne comprends pas d'où viendra l'avantage. Si les vaches travaillent fortement, elles donneront moins de lait; mais si leur travail n'est qu'un jeu, il ne vaut pas la peine de les dresser au trait. Ajoutez à cela que celui qui dirige une grande exploitation ne peut pas avoir en même temps ses yeux partout, et qu'il ne pourra pas prévenir tous les mauvais traitements qu'on pourrait faire subir aux bêtes de trait. Mais si on donne à atteler à des hommes rudes, des animaux agiles à la vérité, mais faibles et débiles, comme on peut nommer les vaches en comparaison des bœufs, mainte bête se trouvera ruinée. Par ces raisons je ne pourrais jamais me décider à em-

ployer les vaches aux travaux agricoles réguliers ;
mais, en revanche, dans des exploitations moyennes,
il est bon d'habituer quelques vaches au joug pour
aller chercher le vert, ou pour d'autres travaux
pareils. Comme ce seront les hommes qui soignent
les vaches qui seront chargés de les conduire, les
mauvais traitements dont nous avons parlé, ne
seront pas à craindre. Je prierai ceux qui ne con-
naissent pas par expérience l'usage des vaches au
trait de réserver leur jugement sur cet objet jusqu'à
ce qu'ils aient connu ces paysans à vaches qui font
tous leurs travaux avec ces animaux, et s'en trouvent beaucoup mieux que dans d'autres contrées
des détenteurs de petites terres qui tiennent des
animaux particuliers pour le trait. Si le propriétaire
travaille lui-même avec les vaches, et qu'il en a
suffisamment pour ne pas être obligé d'en atteler
une à un état avancé de la gestation, la chose ira
extrêmement bien. Dans ces petites exploitations,
les vaches ne sont employées au trait que pendant
peu de temps, et donnent alors à la vérité un peu
moins de lait ; mais comme elles sont l'unique bétail
d'une pareille exploitation, et qu'à ce titre elles
jouissent des meilleurs soins de la part du propriétaire, on ne s'aperçoit pas du tout qu'on les
emploie par moments au trait. Si les propriétaires
de 3 ou 5 hectares dans l'Oderbruch pouvaient se
décider à faire leurs travaux avec des vaches, maint
d'entr'eux, qui aujourd'hui a à peine de quoi vivre,
trouverait une subsistance assurée. »

Dans les conditions du sud de l'Allemagne, on
peut dire : Dans beaucoup d'exploitations surtout
dans celles qui sont plus petites, et où on tient un
nombre insignifiant de bêtes à cornes, on emploie
aussi des vaches au trait. Chez celles-ci également,

on doit user de ménagements à partir de leur dressage après le premier vêlage jusqu'à l'âge de 4 ou 5 ans révolus, pour ne pas interrompre leur développement. C'est aussi, après cet âge, qu'elles montrent la plus grande aptitude au trait. Pour employer les vaches au trait, sans qu'il en résulte de suites nuisibles pour leur santé, on doit toujours faire attention à leur état de gestation, et les dispenser du service du trait 10 à 12 semaines avant, et 4 à 6 semaines après le vêlage. Le service du trait chez les vaches portera bien quelque préjudice à la production du lait; mais, à certaines époques, celle-ci doit céder le pas au service du trait, car, dans les petites exploitations où on ne peut pas utiliser pendant toute l'année un attelage particulier de bœufs, il est certain qu'on trouvera un grand avantage à employer les vaches pour les travaux agricoles du printemps, pour les labours d'automne, etc., surtout si le terrain est léger, et elles compenseront par leur travail la perte de lait d'autant mieux qu'on aurait dû se procurer exprès un attelage de bœufs. Du reste, pour maintenir la production du lait, tout en employant les vaches au trait, il faut avoir la précaution de ne les atteler qu'une heure ou une heure et demie après chaque repas, afin que la digestion des aliments ne soit pas troublée par le travail, que la nourriture soit bien assimilée, et puisse produire du lait. Sans cette précaution, la digestion n'est pas suffisamment mise en train pour pouvoir continuer pendant le travail, la valeur nutritive des aliments n'est pas suffisamment assimilée, elle suffit à peine pour soutenir la vie et entretenir les forces, mais non pas pour produire en même temps du lait. On peut aussi s'opposer à la diminution du lait en faisant travailler modérément, et en ajoutant une petite ration d'avoine. Les vaches, qui conviennent surtout pour l'emploi au trait, sont celles de races assez grandes, de conformation forte, ramassée, à membres gros et solides, à sabots durs, et ayant une certaine aptitude à l'engraissement; afin de réunir encore un autre mode d'emploi, alors que les vaches n'ont plus pour le lait et pour le trait qu'une valeur tout au moins subordonnée, et qu'elles ne conviennent plus pour l'exploitation.

Quand on a le choix, il est préférable d'employer au trait des vaches qui donnent du lait depuis assez longtemps, parce qu'on aura ainsi moins de perte en lait, que chez des vaches ayant vêlé depuis peu de temps.

Je termine cette considération en recommandant ce principe : L'emploi de vaches robustes à un service de trait modéré sera avantageux, lorsqu'on ne le pousse pas trop loin, et que le propriétaire des vaches peut lui même traiter et conduire les animaux, ou au moins le faire faire par un homme de confiance.

§ 265.

Il arrive par-ci par-là qu'on *emploie aussi les taureaux au trait*. Leur force peut à la vérité surpasser celle des bœufs; mais comme leur valeur pour la boucherie ou pour l'engraissement diminue en raison de leur âge, et que, pour changer souvent, il y a des embarras, des dépenses et même du danger dans le dressage, leur emploi, du moins dans nos conditions ordinaires, ne se généralisera pas.

Cependant, je crois devoir communiquer ce

qu'on rapporte des contrées où la chose est plus habituelle, par exemple dans le haut pays de Bade. Quand on emploie les taureaux au trait, leur entretien revient à meilleur marché, parce qu'ils en gagnent une partie par le travail; pour les faire travailler, on leur passe un anneau dans le nez, au moyen duquel chaque garçon peut les conduire; si on leur fait cette opération dans leur tendre jeunesse, cela va mieux parce qu'ils ne sentent pas encore alors leurs forces et qu'ils prennent un caractère plus doux qui se transmet même par hérédité. Ils restent actifs, ne deviennent pas gras avant qu'on ne les engraisse, sont ainsi beaucoup plus longtemps aptes à la saillie, et la viande gagne par le travail.

§ 266.

Le mode d'attelage des bœufs de trait exerce une influence marquée sur leur travail.

Les différentes méthodes principales d'attelage sont :

Avec le collier, où on distingue le collier ordinaire entier, qui ressemble à celui des chevaux, et les demi-colliers;

Avec le joug, soit le joug double pour deux animaux à la fois; soit le joug simple pour chaque animal en particulier;

Avec le joug du garrot, également double ou simple.

Dans l'attelage avec le double joug, il y a facilité pour le conducteur, mais non pour le bétail, qui se trouve bien plus épuisé et on pourrait dire martyrisé. L'attelage avec le joug simple donne, au contraire, à l'animal beaucoup de facilité, car il peut sans contrainte appliquer ses forces au service et se mouvoir librement ; par contre, il réclame une plus grande attention de la part du conducteur pour que le bétail se soulage mutuellement. Les frais pour quelques cordes ou quelques courroies en plus ne constituent pas une somme considérable. Dans l'attelage avec le collier, on obtient bien les mêmes avantages ; mais comme le bœuf, dans la conformation de son épaule, n'est pas fait pour ce genre de traction, il en résulte facilement des inconvénients qui portent préjudice au travail ; outre cela, le collier est plus dispendieux, plus fragile dans de violents efforts ; donc, sous ce rapport comme sous plusieurs autres, il ne vaut pas l'attelage avec le joug simple. D'autres modes d'attelage tels qu'avec le collier du garrot, collier normand, etc., partagent les avantages et les inconvénients de ceux indiqués jusqu'ici, sont moins généralement en usage, et ne méritent pas que je m'y arrête plus spécialement. Le mode d'attelage influe sur le travail, car avec le joug double on peut tirer de lourdes charges de bois ou de pierres, par contre, il gêne dans différents travaux de la campagne, surtout dans l'emploi de divers instruments agricoles perfectionnés. L'attelage avec le joug simple, etc., ne favorise pas seulement ces travaux, mais les facilite encore en permettant un emploi mesuré des forces, ainsi surtout dans des natures différentes de terrain, etc. On a reproché à ce mode d'attelage un manque de sécurité, lorsqu'il s'agit d'arrêter une lourde charge dans les descentes etc. ; pourtant on se sert de ce mode d'attelage dans des contrées montagneuses, et on pourrait aussi peut-être parer à cet inconvénient en adaptant au cou une courroie convenable, au lieu de la chaîne qui coupe profondément dans l'encolure.

D'après la longue expérience qu'on en a faite à Hohenheim et l'extension croissante que prend le joug simple, je me déclare partisan décidé de ce mode d'attelage.

Dans des colliers, mode d'attelage plus dispendieux, les animaux paraissent du reste mieux (plus grands, plus forts.)

Les demi-colliers, dont parlent les *Nouvelles Économiques*, année 1844 n° 79, auxquelles je renvoie, ne me sont pas particulièrement connus.

De même comme m'étant tout à fait inconnu, je puis seulement mentionner qu'au congrès agricole de Munich (rapport p. 291.), Nathorst de Suède a parlé d'un mode tout particulier d'attelage qu'il recommandait beaucoup et dans lequel les bœufs portent collier et joug en même temps.

§ 267.

La ferrure des sabots n'est ordinairement pas en usage pour les bœufs de travail. Mais là où le sol est pierreux, où les chemins sont mauvais, où les animaux sont employés à de longs transports, la ferrure est à recommander. Baumeister dit sur la manière d'appliquer la ferrure : « Cette ferrure varie beaucoup, souvent on ferre les quatre pieds, d'autres fois les pieds antérieurs seulement, souvent aussi on ne ferre qu'un onglon soit l'interne, soit l'externe, d'autres fois on ferre les deux onglons, etc. Les fers nécessaires sont larges, recouvrent toute la face plantaire de chaque onglon et offrent en avant un prolongement qu'on nomme un pinçon, qu'on retourne à la pointe de dedans

en dehors et qui sert à maintenir le fer sur l'onglon; il est garni ou non par derrière d'un
crampon transversal, il s'adapte exactement aux
talons, et se fixe au moyen de 4 à 8 clous im-
plantés tout près du bord plantaire de la muraille
de l'ongle. Mais, comme dans la marche beaucoup
d'animaux font tourner le fer sur le sol du dehors
en dedans, ce qui détache le fer, on monte également
ment en dehors un pinçon qu'on frappe contre la
muraille et qui empêche le fer de se déranger et
les clous de se détacher. Pour cette ferrure, on
pare l'ongle avec le boutoir ou la rainette, absolument comme on le fait pour le sabot du cheval,
et on fixe également le fer en rivant les clous sur
la muraille. On fait quelquefois les fers d'une seule
pièce pour les deux onglons, mais cela ne convient
ni pour la marche, ni pour les ongles.

§ 268.

L'alimentation et l'entretien du bétail de trait
ont déjà été traités dans la partie générale; j'ai
fait alors observer :

Qu'on ne devait pas trop le laisser maigrir ;

Qu'on devait donner en moyenne 2 1/2 à 5 liv.
valeur de foin sur 100 liv. poids vivant de nourriture totale, etc.

Cela dépend naturellement de la quantité de travail que l'on exige et de la manière dont les animaux sont entretenus; et on devrait prendre pour
règle de disposer l'alimentation de telle sorte qu'ils
ne maigrissent pas. Des bœufs de travail mal
nourris sont une faute économique. En travaillant
moins et plus lentement que des bœufs bien nour-

ris, ils occasionnent une perte sur le travail du
conducteur.

D'une manière générale, on peut également, pour
l'entretien du bétail de trait se conformer à mes
principes généraux pour l'entretien des bêtes bovines.

On doit toujours, comme nous l'avons dit, ac-
corder au bétail de trait le temps nécessaire pour
ruminer avant de commencer le travail, parce que
sans cela il ne tire pas suffisamment parti de sa
nourriture, qu'il se fatigue plus vite, qu'il transpire
et qu'il maigrit.

§ 269.

On donne aux bêtes bovines de trait trois repas
par jour, dont un à midi.

Les bœufs de trait sont très-sensibles au grand
froid et à la grande chaleur, ce qui doit être pris
en considération pour la fixation des heures de
travail.

Dans certains cas, particulièrement là où on fait
continuellement le commerce des taureaux et des
bœufs ou bien là où on les met promptement à l'engrais, etc., et où on trouve plus de profit dans cette
manière d'exploiter les bêtes bovines que par un
autre mode d'emploi, on trouvera peut-être de
l'avantage, à conserver les taureaux et les bœufs
toujours dans un bon état d'embonpoint et par conséquent à bien les nourrir et à n'en exiger qu'un
travail modéré. A cette fin on en tient un plus
grand nombre que le service ordinaire n'exige; on
calcule en même temps sur le travail et sur l'augmentation corporelle qui naturellement, selon les

circonstances, doivent se comporter d'une manière différente.

On peut, à cet effet, avoir un attelage de rechange, de telle sorte que les bœufs ne travaillent chaque fois qu'une demi journée, et que pour l'autre demi journée on prend d'autres bœufs.

On doit ici faire entrer en ligne de compte :

1° Qu'alors par exemple un laboureur, donc le travail de l'homme, peut être mis davantage à contribution, que s'il travaillait toute la journée toujours avec les mêmes animaux.

2° Qu'avec moins de nourriture les animaux restent mieux en état ;

3° Qu'avec des bœufs de rechange, il en faut un plus grand nombre ; par conséquent, un capital plus grand, plus de frais d'entretien, plus de locaux, etc.

4° Si les raisons d'un attelage de rechange ne se rencontrent pas seulement dans des circonstances, où les animaux de trait doivent se nourrir sur des pâturages peu productifs, où par conséquent ils ont besoin de plus de temps pour leurs repas, tandis que dans l'alimentation à l'étable les repas peuvent se faire en moins de temps.

V. — Les résultats pécuniaires dans les différents modes d'emploi des bêtes bovines.

§ 270.

Dans l'ordre établi plus haut pour les différentes manières d'utiliser en agriculture les bêtes bovines, je passerai maintenant en revue le résultat économique, ou plutôt pécuniaire, de chacun de ces modes d'emploi.

Mais naturellement faut-il ici bien considérer que la valeur en argent des produits, ainsi que la valeur de foin, varient extrêmement selon les pays et les localités. Lorsqu'on veut par conséquent repondre à la question dont il s'agit ici, savoir :

Que rapportent 100 livres valeur de foin, dans chacun des différents modes d'emploi des bêtes bovines ?

On ne peut le faire qu'au point de vue d'une localité donnée. J'ai choisi pour cela notre Allemagne du sud-ouest, et je répondrai à la question de telle sorte que ma réponse puisse servir de point de départ pour des calculs applicables à d'autres localités.

En même temps, je renvoie a mon ouvrage sur *l'Agriculture anglaise* pour les considérations, desquelles il résulte que, dans une exploitation, c'est déjà un résultat économique très-avantageux, lorsque la nourriture rapporte par quintal de valeur de foin 1 fr. 10 centimes et qu'alors le fumier d'un quintal valeur de foin peut également être estimé à la valeur de 1 fr. 10 centimes.

On verra qu'après avoir ramené tout à des points de départ aussi simples, par exemple 10 livres valeur de foin produisent autant de lait, autant de poids du corps, etc. ; les calculs sur le rendement seront maintenant beaucoup plus simples et plus certains, qu'ils ne l'étaient auparavant.

§ 271.

Élève de jeune bétail. Chaque 10 livres valeur de foin en nourriture de production donnent 1 livre augmentation du corps, donc 100 livres donnent 10 livres.

D'après nos calculs établis plus haut, une bête bovine de 2 1/2 ans, qui a reçu en nourriture totale 191 quintaux 75 livres valeur de foin, pèse au moins 1,150 livres poids vivant.

Une livre poids vivant d'une pareille bête très-bien nourrie se rapproche pour la valeur de la viande d'engrais et peut être estimée à 20 centimes cela fait 230 fr.; de façon qu'un quintal valeur de foin rapporterait environ 1 fr. 20 centimes. Mais il faut considérer que, dans la valeur de foin pendant les premiers trois mois, il y a eu 1,540 livres de lait qui reviennent plus cher.

Donc de la valeur ci-dessus, de . . . . fr.   230 00
Il faut déduire la valeur du lait, 1,540 livres
  ou 770 litres à 7 centimes. 53 90

                     Reste. . . . 176 10

qui se répartissent sur 19,175 livres moins 1,540 livres, soit sur 17,635 livres, ce qui fait par quintal environ fr. 1.00

Mais il faut en déduire les frais pour soins, etc. du bétail, qui s'élèvent, d'après des calculs spéciaux faits à Hohenheim, en moyenne par quintal de valeur de foin consommée, à 25 centimes. Il reste donc : 75 centimes.

Moins le prix de la viande est élevé, plus le rendement baisse.

Si on tient le bétail plus mal, à l'état maigre, la viande a moins de valeur ; alors la nourriture rapporte encore moins.

Par contre d'après mes observations faites plus haut (§ 135), on doit admettre et il est démontré par des exemples que, par un élevage, un choix et un entretien rationels, l'augmentation du corps des jeunes animaux peut avec la même quantité de nourriture être augmenté encore plus, et qu'alors la nourriture rapporte davantage. Si, par exemple, comme je l'ai établi aux §§ 135 à 137, 8 livres valeur de foin en nourriture de production donnent déjà une livre d'augmentation du corps ; le quintal de foin se réalisera à près d'un franc au lieu de 75 centimes.

Mais si, par l'excellence de l'élève, on est parvenu à faire rechercher son jeune bétail comme reproducteur, on arrivera facilement à la vendre pour 1 1/2 fois ou 2 fois sa valeur en viande, et la nourriture se réalisera à un prix 1 1/2 ou 2 fois plus élevé, ainsi à fr. 1.50 ou 2.00.

§ 272.

Engraissement. D'après un exposé que j'ai fait plus haut, on peut admettre que, dans un engraissement pratiqué avec intelligence, on peut obtenir avec un quintal valeur de foin en nourriture totale au moins 5 livres d'augmentation du poids vivant, ensuite que 1/5 du poids total de l'animal engraissé est un accroissement dû à l'engrais, et les autres 4/5 constituent le poids de l'animal maigre mis à l'engrais ; que la valeur pécuniaire du poids de boucherie (viande et suif) de l'animal maigre est en rapport avec la valeur de la viande de l'animal engraissé comme 4 à 5 ou 5 1/2 ; par exemple, si une livre de viande d'un animal maigre coûte 16 centimes, alors celle d'un animal gras coûte 20 à 22 centimes.

Par conséquent, un quintal valeur de foin, produisant 5 livres poids vivant d'augmentation à 20 centimes la livre, rapporte. . . . . fr. 1 00

Chaque 5 livres d'augmentation en poids pendant l'engraissement donnent à 20 livres du poids de l'animal avant l'engraissement une valeur supérieure ; il y a donc 20 livres, poids vivant, ou prenant le poids de boucherie à 50 p. c., 10 livres, poids de boucher, qui ont augmenté de valeur de 5 à 6 centimes, ce qui fait, estimé au plus bas, pour 10 livres 50

Ensemble. . . . fr. 1 50

A déduire pour frais de soins, etc, par quintal. 25

Reste. . . . 1 25

Au plus bas prix qu'un homme entendu saura se procurer le bétail maigre, plus la nourriture dans l'engraissement donnera un rapport avantageux.

Dans ce prix de rapport d'un quintal valeur de foin, il ne faut néanmoins pas perdre de vue que, d'après mes règles pour l'engraissement, il se trouve la plupart du temps dans la nourriture d'engrais plus ou moins de grains qui ont ordinairement relativement à la valeur de foin un prix plus élevé que d'autres matières alimentaires ; par contre on tire bon parti d'autres aliments d'un prix moins élevé, qu'on utiliserait moins avantageusement d'une autre manière, comme le résidu de distillerie, la drèche, etc. de sorte que l'un compense à peu près l'autre.

§ 273.

Emploi du lait. On a vu plus haut, de combien de manières diverses on pouvait tirer parti du lait. Ce sont les circonstances qui déterminent le mode qu'on doit choisir.

Dans la vente du lait pour l'usage à l'état frais, on peut, selon les diverses contrées et à part les cas exceptionnels, réaliser pour 1 litre de lait 6 à 12 centimes ; dans la vente pour en préparer du beurre ou du fromage 5 à 8 centimes. Dans la fabrication de beurre ou de fromage à son propre compte, on peut, d'après les notes données, réaliser d'un litre de lait 6 à 12 centimes.

Il faut, du reste, tenir compte de ce que dans la vente pour la consommation il y a à déduire mainte dépense, mainte perte etc. et qu'il en est de même dans la fabrication à son propre compte de beurre et de fromage.

Il est impossible, et ce n'est pas non plus ici ma tâche, de calculer une à une toutes ces circonstances qui dépendent entièrement des localités. Il s'agit ici de donner, pour la comparaison avec d'autres modes d'emploi, un point de départ général que chacun applique aux conditions qui l'entourent et d'après lequel il peut calculer quel sera le mode le plus avantageux pour lui d'utiliser les bêtes bovines.

Tenant compte de toutes les circonstances, je pense que l'on ne se trompera pas beaucoup en admettant en moyenne qu'un litre de lait, après déduction des frais nécessaires pour le réaliser, rapporte 7 centimes ; d'après cela, le calcul est très-simple à établir.

1 livre valeur de foin en nourriture de production donne une livre de lait ; mais pour 1 livre

nourriture de production, il faut aussi compter 1 livre de nourriture de conservation qui ne rapporte rien (§ 156) ; donc 2 livres nourriture totale administrées en proportion convenable donnent 1 livre de lait et un quintal valeur de foin donnera 50 livres de lait ou 25 litres. (Dans les exemples que j'ai cités, le rapport est un peu moindre, mais le restant est employé à la formation du veau dans le ventre maternel ; je laisse, par conséquent, ici la valeur du veau hors de compte ; parce que pour cette valeur je prends un rendement supérieur en lait.)

25 litres de lait, à 7 centimes, font . . . . . fr. 1 75
D'après les calculs faits à Hohenheim, les frais de soins, etc., pour les bêtes à lait, s'élèvent à 32 centimes par quintal consommé.   32

Reste. . . . 1 43

Mais alors, selon les circonstances, selon l'usage qu'on a introduit de revendre les vaches plus jeunes ou plus vieilles, de les changer souvent, il faut décompter la diminution de la valeur des vaches, qu'on peut bien estimer à 1 15 du produit annuel en lait, de sorte qu'on doit admettre que par l'emploi du lait un quintal valeur de foin se réalise à 1 fr. 33 centimes.

§ 274.

Emploi au trait. On ne peut pas ici donner des calculs économiques généraux comme pour le véritable bétail à produit ; car trop de circonstances spéciales sont en jeu ; l'emploi au trait se fait de différentes manières, quelquefois on tient les bœufs de trait uniquement pour leur travail, d'autres fois pour le travail et en même temps pour d'autres usages, par exemple, pour élever des taureaux, pour l'engraissement, etc.; ensuite la manière d'estimer économiquement la valeur du travail du trait doit également varier.

CHOIX DU MODE D'ÉLEVAGE ET D'ENTRETIEN

DES BÊTES BOVINES

D'APRÈS LES DIFFÉRENTES CONSIDÉRATIONS ÉCONOMIQUES,

ET LE CHOIX CORRESPONDANT

DE LA RACE OU DE LA VARIÉTÉ DU BÉTAIL.

§ 275.

Ce n'est que maintenant, après avoir considéré l'élève et l'entretien des bêtes bovines autant que possible sous tous les points de vue, que je puis en terminant traiter du *choix du mode d'exploitation* des bêtes bovines et du *choix correspondant de la race* ou de la variété.

J'aurai à considérer :

Les circonstances locales de l'exploitation rurale;

Les rapports relatifs du rendement des différents modes d'emploi comparés entre eux;

Quels égards mérite la taille de la race qu'on doit choisir;

Si, dans l'extérieur des animaux, on doit ajouter de la valeur à la robe; et enfin

Comment les différentes races et variétés conviennent pour le mode d'exploitation qu'on veut choisir.

§ 276.

J'ai déjà eu différentes occasions, dans le courant de ce traité sur l'*élève bovine*, d'indiquer des considérations relatives *aux conditions locales de l'exploitation* et à ses dispositions.

Je vais brièvement les récapituler :

Pour l'élève du jeune bétail. L'éducation pour sa propre consommation de bétail reproducteur de la race pour laquelle on s'est décidé, assure seule la garantie de pouvoir pratiquer l'élève bovine avec avantage et de lui donner la tendance et le perfectionnement désirables.

Ce jeune bétail de la race désirée que l'agriculteur a élevé lui-même, il doit l'estimer aussi haut et même plus haut, que s'il l'avait acheté ailleurs comme reproducteur.

Ce n'est que là où le lait peut se vendre à un prix extraordinaire, où l'engraissement constitue le but principal, que l'on peut avantageusement ne pas pratiquer soi-même l'élève.

Mais une élève plus étendue du jeune bétail doit, en tant qu'il ne s'agit que de bétail ordinaire, se restreindre aux conditions suivantes :

a). Dans les localités où, soit à cause de la qualité de la nourriture, de la prairie, soit faute d'occasion de tirer avantageusement parti des produits de la laiterie, etc., le sol et les conditions locales ne rendent aucun autre mode d'exploitation de bêtes bovines plus avantageux. Cela convient surtout dans des contrées plus rudes, montagneuses, peu cultivées, peu peuplées, à régime de pâturage où le jeune bétail est élevé rudement et d'où on l'achète volontiers pour des contrées meilleures.

On doit alors se tenir principalement à l'espèce de bétail, qui trouve le plus grand débit dans le pays.

Dans d'autres contrées voisines de celles où l'élève du jeune bétail se pratique beaucoup de cette manière et doit presque nécessairement se pratiquer et où par la concurrence sur le marché on est obligé de baisser ses prix, l'élève pour la vente de jeune bétail d'espèce ordinaire ne sera dans la plupart des cas pas avantageuse.

b). Lorsqu'on a donné à son bétail une renommée telle, que les jeunes sujets s'achètent comme reproducteurs et par conséquent à des prix plus élevés que les prix ordinaires.

c). Si les conditions de l'exploitation permettent de tenir toujours le bétail dans un état d'embonpoint tel qu'il peut pour la vente entrer en concurrence avec du bétail engraissé.

Étendre l'élève du jeune bétail au point de la pratiquer en grand et d'en faire un commerce par l'achat et la vente, cela est, comme on l'a vu, sujet à maints inconvénients. Ce n'est qu'alors qu'elle peut sous le rapport du produit faire concurrence non désavantageuse à un autre mode d'utilisation des bêtes bovines, quand, par des circonstances particulières, les jeunes animaux sont tellement recherchés, qu'on les paye plus cher qu'aux prix ordinaires des bouchers. Cela peut quelquefois arriver dans les contrées, où comme j'ai dit, les petits paysans font beaucoup de brocantage ; car, dans ces exploitations où on fait le commerce en grand du jeune bétail, ils trouvent facilement les jeunes taureaux et les génisses dont ils ont spécialement besoin et qui sont de leur goût.

Mais pour pratiquer cette espèce d'exploitation des bêtes bovines, il est nécessaire de connaître parfaitement l'achat du bétail, de se soumettre sans chagrin aux contrariétés qu'on éprouve, et de ne choisir avec intelligence que du bétail d'une qualité telle qu'on est dans l'usage de rechercher dans la contrée.

Il est encore d'autres conditions dans lesquelles le commerce avec de jeunes bêtes peut ne pas être désavantageux, c'est lorsque le petit paysan les achète, s'occupe de les dresser, tout en les faisant travailler légèrement, trouve dans le travail les frais de nourriture, et les revend avec bénéfice lorsqu'ils sont un peu plus grands à des propriétaires qui ne peuvent pas s'occuper du dressage.

L'engraissement, comme but principal de l'entretien des bêtes bovines, conviendra le moins souvent aux conditions de l'exploitation, à moins que des circonstances particulières de localité ou d'industrie n'y invitent et le rendent avantageux. Ces circonstances sont : la pratique de certaines industries agricoles, comme la distillerie, la brasserie, la sucrerie ; une culture étendue de pommes de terre, des herbages très-gras, soit pour pâturages, soit pour en retirer un foin vigoureux.

Par contre, l'engraissement convient bien dans beaucoup de conditions rurales comme branche particulière de l'entretien des bêtes bovines ; et il se généralisera de plus en plus ; car on peut ainsi tirer de certaines matières alimentaires, de même que des déchets en bêtes de trait et autres un parti plus avantageux que de toute autre manière. En transformant la nourriture en bétail d'engrais, on peut la transporter à bon marché à de grandes distances.

Emploi du lait. Dans presque toutes les exploitations l'emploi du lait, l'entretien des bêtes à lait, la laiterie occupe sa place, soit comme branche principale, soit comme branche accessoire, soit pour la propre consommation, soit pour la vente. Là où il convient surtout de faire de la laiterie la branche principale de l'exploitation des bêtes bovines, c'est à proximité des grandes villes, de grands centres de population où le lait frais trouve un bon débit.

Mais dans d'autres contrées encore et beaucoup plus souvent qu'on ne l'admet généralement, la pratique de la laiterie peut constituer très-avantageusement la branche principale d'exploitation des bêtes bovines, quand on s'entend parfaitement à la fabrication du beurre et surtout du fromage, et qu'on sait se procurer un débouché pour ces articles. C'est surtout, dans des contrées écartées, qu'on peut ainsi réaliser son lait à un prix assez favorable. Mais quand on ne trouve pas un bon débit pour le lait, quand on n'exploite pas bien la fabrication du beurre et du fromage, quand on n'emploie le lait que pour le besoin de l'économie, qu'il sert plutôt en grande partie à l'alimentation des porcs, alors l'entretien des bêtes à lait comme branche principale, ne peut donner des bénéfices convenables.

L'emploi des bêtes bovines au trait est très-recommandable dans la plupart des cas. De petits cultivateurs même, qui n'ont pas assez d'occupation pour un attelage tenu expressément, peuvent très-convenablement employer avec modération leurs vaches au trait. On doit à cet effet se procurer un bétail assez grand et assez fort.

§ 277.

Les rapports de rendement moyen, indiqués plus haut, établissent les données générales suivantes :

L'élève du jeune bétail d'espèce ordinaire et en même temps dans des conditions où on ne peut le nourrir que maigrement, fournit le rendement le plus petit d'un quintal de foin. L'élève de jeune bétail dans de meilleures conditions d'entretien, quand les animaux ont toujours une bonne valeur pour les bouchers, donne un rendement meilleur. Plus on travaille à obtenir une race dont la croissance soit rapide et qui prenne vite un grand poids (comme par exemple le bétail de *Simmenthal*, et dans les derniers temps tout particulièrement celui de *Durham*), plus le rendement pourra entrer en concurrence avec celui obtenu par l'engraissement. Mais le plus grand bénéfice résulte de cette élève de jeune bétail, dont les produits peuvent se vendre comme animaux reproducteurs.

L'engraissement donne en général un meilleur résultat économique que l'élève de jeune bétail; il a, vis-à-vis des autres modes d'emploi des bêtes bovines, les avantages particuliers, qu'on peut le plus facilement étendre et restreindre cette exploitation selon la provision de nourriture qu'on possède, que le capital rentre plus promptement, que le fumier a relativement à la nourriture une valeur un peu plus grande.

Un résultat encore meilleur est fourni par *l'entretien de vaches laitières*, quand le lait peut être réalisé au prix moyen que j'ai admis.

Mais le meilleur résultat s'obtient par *l'utilisation du lait combinée avec l'élève de jeune bétail* pour la vente à prix élevé comme animaux reproducteurs.

Quand on a le choix du mode d'utilisation des bêtes bovines, et que la nourriture et les autres conditions peuvent également bien convenir à tous les modes d'emploi, on s'adonne, la plupart du temps, principalement à l'utilisation du lait, et assez généralement c'est aux qualités lactifères des bêtes bovines qu'on attache la plus grande, souvent l'unique importance. Mais ce n'est que dans les cas les plus rares que les qualités lactifères *seules* peuvent décider de la valeur d'une race bovine, ce n'est que dans les cas les plus rares qu'il sera économiquement juste de travailler exclusivement à obtenir les qualités lactifères. Ces cas peuvent se présenter là où le lait par la vente peut se réaliser à un prix tellement avantageux, qu'on peut passer sur toutes autres considérations. Mais beaucoup plus généralement, même dans les circonstances où cela n'a pas lieu, on considère le lait comme la seule chose importante, et c'est d'après le lait seul qu'on estime la valeur de la race et de l'animal. Cela se fait dans la plupart des pays et souvent dans ceux où malheureusement on néglige le bon entretien des bêtes bovines, et par conséquent, leur bon développement corporel; où alors naturellement des qualités diverses des bêtes bovines il n'est rien resté que la qualité lactifère, parce que, comme on l'a vu plus haut par un entretien parcimonieux, maigre et rude, il n'y a que la faculté lactifère qui se développe. C'est de là aussi que vient l'usage vicieux d'utiliser les vaches laitières jusqu'à un âge où elles ne valent plus rien. Mais on a vu aussi jusqu'à quel point ce développement exclusif de la faculté lactifère pouvait faire diminuer et détruire les autres qualités corporelles des bêtes bovines. Pourtant la production de la viande et de la graisse n'est pas moins importante que celle du lait, du beurre et du fromage ; et la fin de tout emploi des bêtes bovines, c'est toujours la boucherie ; là c'est principalement le poids et la qualité de la viande et de la graisse qui déterminent le prix. Mais l'importance de la production de la viande et de la graisse et les exigences pour leur qualité, augmenteront toujours encore au fur et à mesure que la population, l'industrie, le bien-être s'accroissent et que les moyens de communication sont rendus faciles.

Autre considération : Le nombre total des bêtes bovines qui se produit continuellement se répartit d'égale moitié en femelles et en mâles. Comme utilisation, la faculté lactifère n'intéresse que la première moitié ; pour toute l'autre moitié mâle, il n'y a que la bonne conformation du corps, l'aptitude à prendre viande et graisse, même la force corporelle, soit comme veau, soit pour servir plus tard au trait ou à l'engrais qui ait quelqu'importance, tandis que même dans la première moitié, pour le dernier parti à tirer des vaches, une bonne conformation, de l'aptitude à l'engraissement, de même que la force pour le trait sont loin d'être sans importance. En même temps, j'ai démontré plus haut que l'exploitation trop prolongée d'une vache laitière n'était pas avantageuse ; et de plus qu'on pouvait parvenir à atteindre simultanément des qualités lactifères et un développement corporel plus parfait.

Quelle importance prépondérante ne doit pas acquérir par tous ces motifs la conformation générale du corps ?

Mais la recherche exclusive des aptitudes à

l'engraissement, c'est-à-dire de la production de la viande et de la graisse, avec renonciation complète aux facultés lactifères, ainsi qu'au service du trait, n'est également point à recommander dans la plupart des conditions; excepté peut-être dans certains pays tout particulièrement avancés sous le rapport de l'industrie et du luxe, comme l'Angleterre.

Il n'est absolument pas possible de réunir la plus grande production en viande avec la plus grande production en lait. Il sera donc dans la plupart des cas et des circonstances le plus avantageux de chercher à réunir et à cultiver dans l'élève bovine la faculté lactifère simultanément avec une bonne conformation du corps pour de la viande et de la graisse, ainsi que pour le trait au degré le plus élevé possible. C'est là pour l'agriculteur intelligent comme éleveur de bêtes bovines, une tâche des plus difficiles, mais aussi des plus lucratives; tout comme dans la plupart des cas, c'est la tâche de l'éleveur de moutons, de réunir autant qu'il est humainement possible, la quantité et la qualité de la laine avec une conformation bonne et robuste.

§ 278.

La taille des bêtes bovines mérite une considération particulière dans le choix de la race. Jusqu'à preuve du contraire, on doit admettre qu'il est possible de choisir des races et des animaux de grande et de petite taille, qui compensent également bien en lait et en viande leur nourriture; mais d'après les faits indiqués au § 134, et ceux que j'aurai l'occasion de rapporter dans l'élève ovine les résultats semblent démontrer que le grand bétail, toutes autres qualités supposées égales, transforme un peu plus avantageusement la nourriture en lait et en viande que le petit bétail.

Les raisons spéciales pour et contre l'élève et l'entretien de grand ou de petit bétail dans des circonstances données doivent être mises respectivement en balance.

Je les ai déjà exposées plus haut § 20.

En général, on ne peut méconnaître que le plus grand bétail est le plus recherché, d'abord parce que proportionnellement à sa nourriture il exige moins de dépenses en soins, etc., ensuite parce que les animaux plus grands, que ce soient des veaux ou des adultes récompensent mieux le transport à de grandes distances, dans des villes ou pays où on paye des droits par tête etc; et comme l'élève du grand bétail exige des conditions plus nombreuses et plus difficiles à remplir que l'élève du petit bétail, le premier est généralement mieux payé relativement aux frais d'élevage. Mais on ne peut conseiller l'élève du grand bétail que sous la condition indispensable d'être à même de donner toujours sans interruption une nourriture bonne et convenable, parce qu'une interruption sous ce rapport occasionnerait à l'état d'embonpoint et aux produits du bétail plus grand et à son élève un préjudice plus considérable que chez le petit bétail. Cela doit surtout être considéré dans le régime de pâturage, parce que là on a beaucoup moins qu'à l'étable la faculté de pouvoir nourrir toujours d'une manière pleine et égale. Il arrive aussi que de grands animaux par leur marche détériorent certains pâturages.

Ce n'est que sous cette condition expresse, et dans la supposition que cette taille n'est pas achetée aux dépens des autres qualités désirables, que je me prononce pour l'élève du grand bétail, et parmi celui-ci le plus précieux est celui dont l'accroissement et le développement dans la jeunesse sont proportionnellement les plus rapides. Une variété de bétail qui est grande, bien formée, d'un accroissement rapide est généralement la plus recherchée, et dans beaucoup de contrées on n'entend par perfectionnement de l'espèce bovine presque rien autre qu'une augmentation de taille.

Mais il faut toujours se tenir à la règle de ne pas laisser trop vieillir les femelles, car ce n'est qu'ainsi qu'on y trouvera du bénéfice, et qu'on pourra utiliser, à côté des facultés lactifères, la propriété de prendre rapidement du corps ; ce qui n'a plus lieu chez les vaches plus âgées qui diminuent toujours de valeur pour l'engraissement.

La couleur ou robe du bétail n'est pas tout à fait indifférente. Souvent il semble que c'est une affaire d'amateur ou de mode, comme dit le paysan ; mais en général la chose est fondée sur ce qu'on préfère la robe qui, dans la contrée respective, est principalement recherchée pour le commerce. Et cette préférence n'est pas basée sur ce que, fait nullement établi, la couleur des poils serait un indice de certaines qualités de l'animal, mais plutôt parce que chez les bêtes bovines la robe est un des signes principaux pour reconnaître la race dont elles proviennent, et qu'ainsi on conclut de la robe aux qualités de la race et de l'animal, qui sont connues de l'acheteur.

§ 279.

Pour ce qui concerne maintenant *le choix de la race et de la variété* de bêtes bovines, je ferai observer :

Partout on rencontre des exemples, que les races principales énumérées, à part quelques exceptions, se conservent bien dans d'autres pays, lorsqu'on les y entretient convenablement et qu'on les élève avec intelligence ; que les races intermédiaires que j'ai citées se sont en partie parfaitement développées, qu'on peut leur donner la constance voulue, et les maintenir ainsi, ou bien travailler à leur développement ultérieur en les mélangeant ou en rafraîchissant le sang avec la race qui a servi au premier ennoblissement ; que surtout le bétail indigène rouge est très-susceptible d'amélioration essentielle et de transformation, soit par sélection, soit par des croisements convenables ; mais qu'au plus grand préjudice pour les progrès et le perfectionnement plus général de l'élève bovine et le bon succès de celle-ci on pèche beaucoup contre les principes généraux d'élevage parce que, surtout, des cultivateurs ordinaires n'emploient que trop fréquemment le plus dangereux de tous les modes d'élevage, (et cela parce qu'il est en apparence le meilleur marché) je veux parler de ce croisement indécis, critiqué dans la *Zootechnie générale* et par lequel on veut sans considération de constance, tout bonnement essayer d'obtenir quelque chose de meilleur par un croisement de ce qui existe avec quelque chose d'étranger.

Les différentes races et variétés de bêtes bovines, dont j'ai parlé, se répartissent d'après le mode d'emploi pour lequel on les·choisit de la manière suivante :

1). *Réunion de bonnes qualités lactifères, d'aptitude à l'engraissement et au trait;*

Si dans le choix du mode d'exploitation agissant dans le sens des conseils donnés plus haut, on veut travailler à la solution de la tâche certainement bien rémunérative :

de combiner au degré le plus élevé possible de bonnes qualités lactifères avec une bonne conformation pour la viande, la graisse, ainsi que pour le trait et de s'assurer une vente avantageuse de reproducteurs,

on choisira dans l'espèce de bétail, qui se vend principalement bien dans la contrée, et qui correspond autant que possible aux formes que j'ai recommandées, un développement corporel et une taille qui dépassent ceux du bétail le plus ordinaire de la contrée, un accroissement rapide, et un rendement en lait au moins égal aux principes établis (1 livre valeur foin nourriture de production pour 1 livre de lait); et on travaillera dans la race elle-même, au moyen d'un élevage et d'un entretien intelligents, à developper de plus en plus les facultés lactifères sans nuire à la bonne conformation et à l'accroissement rapide.

Ici viennent se placer selon les conditions locales .

a. *Variétés plus grandes :*

Race de *Berne et de Fribourg.*
Race de *Schwyz, d'Appenzell, de Montafon, etc.*
Race du *Tyrol et de Salzbourg.*
Race de la vallée *de Mürz.*
Race d'*Anspach.*

b. *Variétés de grandeur moyenne :*

Les races intermédiaires entre du bétail indigène et le bétail de *Berne et de Fribourg,* comme :
Le bétail du *Neckar,*
Le bétail du *Mont-Tonnerre,*
Le bétail du *Glan,* etc.

c. *Variétés plus petites :*

Les races de bétail rouge, isabelle de l'Allemagne telles que par exemple :
De *Halle,*
De *Limbourg* (Souabe) ;
Du pays de *Vogt ;*
Puis :
Du *Hasli ;*
D'*Allgovie.*
Les races brunes et grises de France.

2). *Pour les qualités lactifères et l'aptitude à l'engraissement ;* mais *aptitude au trait subordonnée ou manquante.*

a. *Variétés plus grandes :*

Race de *Hollande* et toutes les variétés analogues des contrées de la mer du Nord.
Race de *Normandie ;*
Race *flamande ;*
Race de *Durham* ou *Shorthorn.*

b. *Variétés de taille moyenne :*

Les races intermédiaires obtenues par les races sub a, comme par exemple :
De *Mecklembourg ;*
De *Holstein.*

c. *Variétés plus petites :*

Celle d'*Ayr*,
Celle d'*Alderney ;*
Celle de *Bretagne :*

3). Pour l'aptitude à l'engraissement et qualités pour le trait, mais avec des qualités lactifères très-subordonnées.

a. *Variétés plus grandes :*

Bétail de *Hongrie* et les races parentes ;

b. *Variétés de taille moyenne :*

Race de *Devonshire*
Race de *Herefordshire* } en Angleterre.
Race du *Charollais*
Race *Comtoise* } en France.

D'après cette division, et d'après la description de toutes les races données dans les §§ 55-68, on peut se faire une idée des races et variétés à choisir pour des circonstances et des destinations données.

§ 280.

Pour connaitre ce qu'il a été possible d'obtenir de plus parfait en élève bovine, les grandes expositions de Paris en fournissent une excellente occasion. Elles donnent lieu aux échanges de jugements et d'opinions entre les hommes les plus compétents de tous les pays, et permettent par la vue de toutes les races bovines connues d'établir les comparaisons les plus diverses. C'est en cela que cette grandiose institution a une valeur dont l'importance favorable défie toute description.

Les résultats communiqués jusqu'à présent nous montrent que, pour arriver insensiblement à approcher de ce qu'il y a de plus parfait dans les différentes qualités des bêtes bovines, il fallait en chercher les moyens dans les races principales suivantes, comme étant ce qui jusqu'ici a été atteint de plus parfait :

1°. Comme qualités lactifères les mieux développées tout en ayant de l'aptitude à l'engraissement,

La race de *Hollande*, des provinces Hollande Septentrionale, et Frise, (ne pas confondre avec les diverses sortes de bétail répandues sous le nom de vaches hollandaises, surtout dans l'Allemagne du Nord.)

2° Comme aptitude la plus développée à l'engraissement sans exclusion cependant des qualités lactifères,

La race anglaise améliorée de *Durham* ou race *Shorthorn*.

3° Comme réunissant les trois aptitudes pour le lait, pour l'engraissement et le trait autant que cette réunion est possible,

Les races suisses :

a. Les races de *Berne* et de *Fribourg* et particulièrement la variété de *Simmenthal;*

b. La race de *Schwyz*.

Il est, en effet, remarquable que le roi de Wurtemberg, dans ses vues profondes pour relever l'agriculture et surtout l'élève animale, après avoir dans l'intérêt général établi au prix de grands sacrifices beaucoup d'essais avec les races bovines les plus diverses qu'il a fait venir, a fixé définitivement son choix, il y a une trentaine d'années, précisément sur ces races excellentes que je viens de citer, et a cherché à les répandre d'une manière plus générale.

On apprendra donc avec plaisir les résultats de l'expérience qu'on a faite pendant cette longue série d'années sur les domaines royaux de Wurtemberg, au moyen des races principales citées plus hauts ; voici les résultats obtenus :

La race hollandaise, originairement choisie parmi ce qu'on a trouvé de plus distingué dans la Frise et la Hollande du Nord a été entretenue au nombre de 100 bêtes et depuis propagée pure ; cela par un régime de stabulation pour les vaches et un peu de pâturage pour le jeune bétail, mais aussi par un régime de stabulation pour ce dernier. Ce bétail ne s'est pas seulement jusqu'aujourd'hui maintenu parfait dans ses particularités de race, ses propriétés et ses qualités (production abondante de lait); mais encore par le choix des taureaux, on est parvenu, sans nuire aux qualités, à améliorer essentiellement les formes du corps, surtout la croupe avalée, les hautes jambes, etc.

Cette race s'est surtout répandue et est fort estimée dans les contrées où la population rurale est nombreuse, et où on cherche avant tout du lait en abondance ; tandis qu'elle trouve moins bon accueil dans les contrées où on est habitué à élever du bétail de trait. Dans ces contrées, un mélange de la race hollandaise avec celle du *Neckar* se montre très-convenable.

Particulièrement heureux a été le croisement que le roi a fait faire d'une manière soutenue entre la *race hollandaise* et la race de *Schwyz*. Les animaux qui en sont résultés sont la plupart parfaitement bâtis; par le sang de *Schwyz* le corps est devenu plus massif, plus profond, plus bas des jambes, tout en maintenant la croupe ample du bétail hollandais; il est devenu plus apte à l'engraissement, tandis que les qualités lactifères des deux races se sont maintenues avec amélioration de la qualité du lait. La couleur des poils des animaux varie; pourtant elle est le plus souvent formée par des mouchetures claires sur un fond plus obscur.

Ce croisement semblable à celui qui dans le temps a donné naissance au bétail d'*Anspach* (§ 68), est plus heureux que celui-ci, parce que dans ce dernier le mélange de la race de *Berne* et *Fribourg* n'a pas formé le corps si profond et si bas, et a causé quelque tort à l'abondance de lait.

Le roi a également bien réussi un croisement de la *race hollandaise* avec celle de *Limbourg*, Souabe, (§ 41). Il en est résulté un bétail blanc excellent sous le rapport de la quantité et de la qualité de lait, et qui réunit à ces mérites la forme arrondie, molle, féminine, favorable à l'engraissement du bétail de *Limbourg*.

La race de *Schwyz*, élevée pure, s'est maintenue, même au régime de stabulation, très-bonne; ses qualités lactifères ont été reconnues et elle a livré des bœufs d'une grandeur extraordinaire. Elle trouve principalement un accueil favorable dans les contrées où les variétés bovines, brunes et brunes-grises sont indigènes comme dans la haute Souabe, etc. (§ 57-59). C'est pourquoi le roi fait élever depuis 50 ans cette race dans une de ses terres, située dans la haute Souabe.

La race de *Berne*, représentée par du bétail de *Simmenthal*, fut placée à l'établissement royal de Hohenheim; on avait choisi dans le pays d'origine, exclusivement la variété de structure moins massive (§ 55) et autant que possible la couleur rouge ; et depuis 20 ans on l'a propagée pure dans un régime de stabulation. Les qualités de la race se sont bien conservées, sous le rapport de ses qualités lactifères ; j'ai eu maintes fois, dans le courant de cet ouvrage, l'occasion d'en fournir des données. Mais ce qui parle en faveur de son aptitude à l'engraissement et de ses qualités pour le trait, c'est la circonstance que cette race s'est beaucoup répandue chez les grands comme chez les petits cultivateurs du pays, qu'elle se croise et se mélange bien avec le bétail indigène rouge, surtout comme rafraîchissement de sang avec le bétail du *Neckar* (§ 66) ; et qu'on va toujours chercher de nouveau dans sa patrie du bétail indigène de *Simmenthal* pour l'introduire dans le pays. La conformation de la race à *Hohenheim* au moyen d'un choix soigné des reproducteurs s'est modifiée à son avantage, s'est approprié les formes recherchées et a perdu ces formes lourdes et reprochables de la majeure partie de la race de *Berne* et *Fribourg*.

Par le manque de tendance bien décidée chez les éleveurs de cette race et par le fait qu'ils vendent en grand nombre pour l'étranger spécialement les meilleurs animaux, je suis porté à croire que dans la patrie de cette race il serait bien difficile de réunir un nombre d'animaux tel que celui qu'on tient à Hohenheim, savoir 80, ayant la conformation aussi bonne que ceux-ci. Les animaux lourds, osseux, qualités qui ne sont pourtant favorables ni à la production du lait ni à l'engraissement ni au trait, prennent beaucoup trop d'extension en Suisse, tandis que la race plus belle et plus fine de *Simmenthal* diminue de plus en plus. Les expositions de Paris ne peuvent servir à personne de leçon plus salutaire qu'aux éleveurs suisses. Là, ils peuvent voir quelles sont les conformations que demande le marché universel. Qu'ils se tiennent sur leurs gardes. Qu'ils recherchent, qu'ils soignent et qu'ils conservent précieusement le meilleur sang dans leur race de *Berne* et *Fribourg*, qu'ils gardent le plus parfait pour eux-mêmes, pour conserver à la race sa renommée et à eux l'avantage de continuer à vendre du bétail reproducteur à de hauts prix et de ne pas devoir les vendre à des prix de boucherie, qui à la vérité ne leur manqueraient pas à cause des besoins de la France, leur voisine. Qu'ils cherchent, ce qui est très-praticable, à conserver leur conformation robuste nécessaire à leur mode de pâturage, et à maintenir en même temps les qualités lactifères tout en travaillant à obtenir une conformation bonne et recherchée. Comme avertissement, on peut leur citer l'exemple du Tyrol, où l'élève bovine avait également pris une fausse direction et dont la vente autrefois florissante de bétail reproducteur pour l'étranger s'est perdue. La Saxe, le pays où jadis tous les autres pays allaient chercher à des prix énormes des mérinos reproducteurs, en vendant imprudemment ce qu'elle avait de meilleur, s'est laissé devancer sous ce rapport par d'autres pays.

La nouvelle race de *Durham* ou *Shorthorn*.

L'introduction dans d'autres pays de cette race, qui ne s'est tant perfectionnée en Angleterre, sa patrie, que depuis quelques dizaines d'années, appartient à l'époque la plus récente.

Déjà les soins attentifs du roi de Wurtemberg se sont dirigés sur cette race et on est occupé à l'introduire sur ses domaines privés.

De même que la formation de cette race en Angleterre, de même son extension dans d'autres pays a été provoquée par le besoin et le prix toujours croissant de la viande, que fait surgir l'accroissement de l'industrie et de la population. Les qualités de cette race ont été décrites plus haut (§ 51); d'où on pourrait également conclure que par un choix bien entendu d'animaux dans cette race, ainsi que par un élevage tout aussi judicieux, on peut arriver à obtenir au moins une sécrétion de lait satisfaisante à côté d'une conformation et d'une aptitude incomparables pour l'engraissement et pour la croissance rapides.

Il paraît d'après tout ce que je trouve dans mes annotations que, dans la transformation de l'ancienne race de *Teeswater* ou *Durham*, dont l'abondance de lait était célèbre, en la race de *Durham* d'aujourd'hui, où l'aptitude à l'engraissement est parfaitement développée, selon la direction que prenaient les différents cultivateurs dans leur élève, la race s'est divisée en familles, dont une partie à côté de l'aptitude à l'engraissement conserva les qualités lactifères, tandis que l'autre s'est développée encore plus dans son aptitude à l'engraissement, mais en perdant de ses qualités lactifères ; mais que cette perte est quelquefois plus que compensée par la maturité hâtive de ces animaux, qu'on peut vendre déjà à deux ans avec un poids de viande considérable. Il arrive, du reste, assez souvent chez des animaux élevés ainsi tout à fait en vue de l'engraissement et dont la constitution est devenue grasse d'outre en outre, que les animaux ne sont pas propres à la reproduction ; c'est pourquoi on doit être très-prudent surtout dans l'achat des animaux mâles.

Il s'agit maintenant d'une question qui devient de jour en jour plus importante.

Avec les prix actuels et toujours croissants de la viande dans beaucoup d'autres contrées, et d'après la possibilité d'utiliser une race comme celle de *Shorthorn* élevée et améliorée d'une manière extraordinaire en vue d'une production rapide de viande et d'une maturité hâtive, ne serait-il pas plus avantageux, dans les circonstances citées et d'autres conditions rurales favorables, de réaliser au moins partiellement la nourriture en viande plutôt qu'en lait. Ne conviendrait-il pas pour ces circonstances de passer sur mainte difficulté, et de faire de nouveaux essais au moyen de l'introduction et du mélange du *Durham*, même hors de l'Angleterre ?

On doit s'attendre à l'objection que l'on diminuera l'aptitude au trait par le mélange du *Durham* qui ne convient pas au trait. Mais la même chose a lieu en France comme en Allemagne. On peut répondre qu'il y a dans ces deux pays non-seulement des contrées ou des conditions qui en partie restent destinées à la production de bon bétail de trait réservé pour d'autres localités, et en partie ne conviennent pas pour l'introduction de ces races de bétail, mais qu'il existe un grand nombre d'exploitations, qui n'élèvent pas leur bétail de trait, mais qui l'achètent, et précisément de la sorte à laquelle s'adapte le mélange de races d'engraissement.

La race de *Durham* doit donc attirer l'attention de tous les pays avancés en agriculture, et surtout en élève de bétail.

C'est la France qui, la première, a effectué l'introduction de cette race ; c'est là qu'on doit puiser les renseignements sur la manière dont elle

se comporte lorsqu'elle est placée dans des conditions étrangères.

La France dont le besoin en viande est si considérable, qui, sous ce rapport, était depuis si longtemps tributaire de l'étranger, qui possède des
races bovines si propres au croisement avec les
Durham et qui ont été élevées principalement en
vue de la boucherie, la France, dis-je, ne pouvait
pas faire un choix plus rationnel pour l'amélioration de son élève bovine. Encouragée par des succès, elle a continué d'une manière conséquente
sur une échelle plus grande dans cette voie, malgré
toutes les opinions opposées aux *Durham*.

En Allemagne où, comme on le verra, on a déjà
introduit, par-ci par-là, du bétail de *Durham*, il y
a beaucoup de contrées où l'industrie et la population augmentent; où le besoin et le prix de la
viande grandissent, où on recherche beaucoup la
viande au nord pour l'Angleterre, au sud pour la
France; ces contrées ne resteront pas en arrière.
La Suisse ne commence-t-elle pas déjà, comme je
l'ai indiqué, à faire des essais semblables? Les
races bovines d'Allemagne, et en particulier celles
provenues de croisements avec la race de *Berne* et
Fribourg, de même qu'avec celle de *Hollande*, etc.,
conviendront fort bien pour des croisements avec
des *Durham* ; se contentât-on même, ce qui pourrait suffire, de n'introduire d'abord qu'un mélange
de sang de *Durham*, ce qui permettrait de conserver une sécrétion de lait très-satisfaisante. Il est, en
effet, remarquable comment un simple mélange
passager de sang de *Durham* transmet et conserve
à d'autres races bovines, sans préjudice à leurs
qualités lactifères, la conformation ample, les os
fins, l'aptitude à l'engraissement et la maturité

hâtive des *Durham*. J'ai remarqué cette particularité sur les domaines privés du roi de Wurtemberg dans des croisements tout à fait passagers, même pour l'ancienne race de *Teeswater* surtout avec du bétail hollandais, et je ne crois pas qu'il soit humainement possible de réunir, par l'élève, l'aptitude à l'engraissement et les facultés lactifères d'une manière plus parfaite que par le croisement du bétail actuel de *Durham* avec le bétail de *Hollande*. J'ai indiqué plus haut les excellents résultats du croisement du *Durham* avec le bétail de *Schwyz*. De même d'après l'expérience faite en France, les croisements de *Durham* avec d'autre bétail de races plus grandes ont très-bien réussi.

Mais, hors de l'Angleterre, ce sera dans le plus petit nombre de conditions qu'on pourrait conseiller d'élever et d'entretenir le bétail de *Durham* pur, car il demande de grands soins, une intelligence parfaite et le concours des circonstances les plus favorables. M. Lefébure de Sainte-Marie très-compétent sur cette question et dont le gouvernement français s'est principalement servi pour l'introduction de la race de *Durham*, qui a été fréquemment envoyé en Angleterre pour des achats, des explorations, etc., et qui a fait paraître en 1849 un rapport intéressant sur la race de *Durham* améliorée, dit qu'en Angleterre même cette race n'est pas autant tenue et élevée comme une race usuelle du pays à introduire d'une manière générale, que comme une race de pur sang chez quelques grands propriétaires et fermiers, pour conserver le sang, pour le mélanger dans d'autre bétail. L'élève du *Durham*, dit-il, est si couteuse et si incertaine dans ses résultats que, malgré les prix énormes auxquels on paye les reproducteurs, elle ne rapporte pas suffisamment. Il dit aussi que, dans l'achat d'animaux reproducteurs, on doit être extrêmement prudent.

Je termine en citant des notes et des opinions qui ont rapport à ce sujet et qui ont été émises par d'autres personnes, principalement à l'occasion des expositions de Paris de 1855 et 1856.

1° Robert d'Erlach (voir plus haut § 51) donne les renseignements suivants tirés de documents officiels sur l'introduction de la race de *Durham* en France :

« Occupé de l'idée d'améliorer les races bovines en vue d'une production de viande à bon marché, et instruit de l'excellence de la race de *Durham* sous ce rapport, le ministre de l'agriculture décida, en 1856, d'entreprendre des essais, et envoya en Angleterre pour acheter un petit nombre de ces animaux qui furent placés à l'école vétérinaire d'Alfort, et qui consistaient en un taureau et sept animaux femelles. A la demande de quelques éleveurs, on décida en 1838, une nouvelle importation de ce bétail, et on acheta un certain nombre d'animaux pour vendre des taureaux à des éleveurs et pour jeter la base d'une élève continue de cette race au haras du Pin en Normandie. On acheta 15 taureaux, 12 pour la vente, 1 pour Alfort, 2 pour le Pin et 19 femelles pour ce dernier établissement. — A Alfort, l'entretien non interrompu à l'étable avait produit chez ces animaux une telle propension à l'engraissement, que la plupart restèrent stériles ou avortèrent. On suspendit donc là l'entretien de ce bétail, et on transporta tous les animaux au Pin. Les mêmes raisons occasionnèrent des achats ultérieurs en Angleterre pour le compte du gouvernement dans les années 1841, 42,

43, 44 et 1846. De cette manière, il fut acheté en Angleterre, en neuf années, 108 taureaux et 85 vaches et génisses. Pour pouvoir étendre l'amélioration au moyen du bétail de *Durham* aux diverses contrées qui étaient déjà connues pour leurs bonnes races, on créa des stations auxiliaires, et on plaça d'abord en 1843 au dépôt d'étalons de Saint-Lô en Normandie 2 taureaux et 18 vaches, en 1844 à l'école agricole de Poussery, ainsi tout à fait dans le voisinage de la patrie de la race *charollaise*, 7 taureaux et 22 vaches, et enfin en 1847 à l'école d'agriculture de Camp, 2 taureaux et 4 vaches. L'état le plus nombreux était, à la fin de 1846, de 160 têtes (52 taureaux et 108 femelles) au Pin, de 32 (7 mâles 25 femelles) à Saint-Lô, de 37 (15 mâles et 22 femelles) à Poussery, ensemble 229 têtes de race *Durham* pure. On conçoit qu'une amélioration poursuivie avec de pareils moyens par l'administration ait réussi. De 1839 à 1848, on a vendu dans ces établissements 171 taureaux, dont 81 achetés en Angleterre et 90 nés en France, au prix moyen de fr. 1,040.25 c., ensemble pour fr. 177,881.52 cent. et cela 49 à des particuliers, 122 à des départements et à des sociétés agricoles. La race est tenue maintenant dans 44 départements, donc dans plus de la moitié du chiffre total des 86 départements français. Considérant la grande extension que cette race a prise dans ce pays voisin, l'un de nos principaux débouchés pour le bétail de reproduction et de boucherie durant les 20 dernières années, soutenue qu'elle a été par tous les gouvernements de cette période qui ont la ferme volonté de la répandre, il ne nous reste qu'à engager nos éleveurs à faire les plus grands efforts pour tirer parti de ce que nous possédons de mieux.

» Des particuliers avaient aussi exposé des animaux de la race de *Durham* nés en Angleterre ; d'où l'on peut conclure que son élève ne part pas uniquement des établissements de l'État, qui n'ont plus rien acheté depuis huit ans, mais que maintenant de riches propriétaires se pourvoient eux-mêmes, en Angleterre, de bêtes originales.

» Les animaux élevés et exposés par des particuliers en France offraient totalement les mêmes signes de race que ceux venus d'Angleterre. Dans les mesures, les *Durham* français restaient presque généralement en arrière des anglais du même âge, et plus ils étaient âgés, plus ils le cédaient sous ce rapport. Cela ne dépendrait-il pas du climat sec de la France et de ses herbages pour la plupart moins riches ? Sur les qualités lactifères et l'aptitude à l'engraissement de la race de *Durham* en France, il existe de nombreux relevés et documents officiels très-exacts, desquels il résulte que les qualités lactifères diffèrent beaucoup, que quelques vaches donnent beaucoup de lait, et d'autres très-peu ; mais en moyenne, que nos vaches de *Berne* et *Fribourg* ne sont pas meilleures que les Durham ne se sont montrées en France.

» Sur la fertilité ou la faculté de génération des *Durham* en France, on a établi le calcul que, de cinq vaches, une était restée stérile, et que, sur dix, une a avorté avant terme. Ce sont là des inconvénients ordinaires chez des bêtes très-disposées à l'engraissement et abondamment nourries. »

2° Dans les expositions de Paris, se rangeaient les animaux de races étrangères élevés en France ·

Pur *Durham*,	beaucoup.
— *Ayrshire*,	beaucoup moins.

Pur *Hollandais*,   peu.
— *Schwyz*,   assez.
— *Berne* et *Fribourg*, quelques têtes seulement.
   De croisements :
Beaucoup de *Durham-Charollais.*
      —   *Durham-Lorrains.*
      —   *Durham-Cotentins.*
      —   *Durham-Comtois.*
      —   *Durham-Normands.*
   Même des   *Durham-Bretons* (d'une métairie impériale).
   Quelques   *Durham-Ayrshire.*
      —   *Durham-Schwyz.*
      —   *Devon-Salers.*

3° Robert d'Erlach, dans son rapport sur l'exposition de Paris, fait les observations suivantes pour la Suisse :

« Il s'agit maintenant de savoir si, d'après ce que nous avons vu et ce que nous connaissons des races bovines étrangères, il serait avantageux d'introduire l'une ou l'autre de ces races étrangères chez nous, soit pour l'élever pure, soit pour la croiser avec l'une ou l'autre de nos races? Il ne viendra probablement pas à l'idée d'un Suisse, de ne tenir chez nous uniquement que des races d'engraissement qui ne donnent que très-peu de lait. De cette manière, on peut exclure de prime abord, parmi les races anglaises, celles de *Heresford*, de *Devon* et de *Sussex*, celle d'*Angus* en Écosse ; parmi les races françaises, toutes, sauf celles de *Normandie*, de *Flandre* et de *Bretagne*. Il ne peut donc rester en question ici que ces dernières races laitières *françaises*, la race *hollandaise*, celle d'*Ayr* en Écosse, et enfin la race anglaise de *Durham*.

» Les races normande, flamande et hollandaise se ressemblent beaucoup dans leurs qualités, et nous pouvons ici les réunir. Elles appartiennent incontestablement aux meilleures races laitières qu'il y ait, et elles s'engraissent aussi assez bien. C'est pourquoi il est probable qu'un ou deux croisements avec l'une de ces races pourrait donner à nos races de bétail, chez lesquelles la qualité lactifère des produits est peu prononcée, une transmission héréditaire plus constante et plus certaine de cette qualité. A nos animaux pie-noirs conviendraient fort bien les hollandais, qui ont la même couleur; aux rouges, les normands bigarrés et les flamands rouges. Mais les formes disgracieuses de ces races ne sont pas propres à améliorer les formes des nôtres; et, pour atteindre le premier but, nous avons chez nous la race de *Schwyz*, qui convient également pour ses formes.

» La race d'*Ayrshire* a déjà été introduite dans le canton de Genève; mais elle s'y est de nouveau perdue. Elle parait ne pas avoir répondu aux espérances qu'on s'en faisait. D'après ma manière de voir, elle n'est pas convenable à l'amélioration de nos races, parce qu'elle est trop petite et que pour le lait elle n'est nullement plus avantageuse que nos bonnes races, surtout les brunes.

» Il ne reste donc plus en question que la race de *Durham*. Comme race pure, pour sa propagation sans mélange, on ne peut pas la conseiller pour les situations ordinaires en Suisse. Nos marches vers les pâturages des Alpes ne lui iraient que difficilement, à elle qui est habituée à un grand repos, à des pâturages commodes, riches, mais restreints. Nourrie constamment à l'étable, elle prend graisse trop promptement et lorsqu'elle est trop jeune, et devient par là stérile, ainsi que l'expérience l'a démontré en France. Comme race laitière, elle se trouve à peu près au même point que nos vaches de *Fribourg* et de *Berne* et du bétail ordinaire en Suisse; la race de *Schwyz* de bonne provenance lui est incontestablement supérieure. Comme bétail de trait, elle ne vaut rien.

» De même que la race de *Durham améliorée*, telle que nous l'avons vue à Paris, ferait, par des croisements répétés, valoir son influence sur l'aptitude à l'engraissement du bétail suisse, de même une diminution dans la qualité lactifère des produits en serait une suite infaillible. L'un des deux serait inévitable; ou les produits resteraient riches en lait, quoique difficilement plus riches que notre bétail l'est déjà maintenant, gagneraient un peu, mais non beaucoup, en aptitude à l'engraissement, et le croisement n'aurait pas beaucoup d'utilité; ou bien il transmettrait à notre bétail l'aptitude extraordinaire des *Durham* pour l'engraissement, et cela au préjudice de la production du lait.

» Serons-nous, d'une manière durable, en état de concourir régulièrement et sûrement avec les Français pour le bétail de boucherie? Nous avons dit que l'État français faisait les plus grands sacrifices pour favoriser la production de viande à bon compte, et, par conséquent, pour répandre la race de *Durham*. Comme l'influence du sang de *Durham* améliore considérablement toutes ces races d'engrais, rend leur élève et leur entretien plus avantageux, ceux-ci augmenteront sans aucun doute considérablement. On me dira : « Nous ne pouvons pas rester en arrière, nous devons faire, par conséquent, la même chose que le pays voisin; toute tête de bétail revient tout de même finalement à la boucherie ; plus vite et plus facilement elle sera bonne à cela, tant mieux. » D'accord, si nos fromageries et notre commerce de bétail reproducteur n'en souffrent pas plus qu'on n'y gagnera. Du jeune bétail et des fromages sont les principaux objets d'exportation de notre élève bovine. Du jeune bétail engraissé, les Français l'achèteront de moins en moins chez nous précisément parce que, dans leur propre pays, ils le trouvent de plus en plus facilement et meilleur ; du jeune bétail à lait, au contraire, ils l'achèteront de plus en plus, si nous lui conservons sa bonne réputation et si nous l'augmentons même, ce dont on a besoin dans l'ouest de la Suisse. Précisément ce que le voisin ne produit pas lui-même, et dont pourtant il a besoin, c'est là ce qui doit attirer notre attention.

» Maintenant, si par la race de *Durham* il n'y a à gagner avec certitude que sous le rapport de l'aptitude à l'engraissement, tandis que, d'après les faits parvenus à notre connaissance, cela est très-douteux pour les qualités laitières, on ne peut avec aucune probabilité attendre d'un croisement avec elle un résultat totalement et généralement favorable.

» Mais, bien décidément et avant tout, il faut la déconseiller pour la race de *Schwyz*, ainsi que pour toutes les variétés brunes parentes, qui vont dans l'Italie du Nord. Le bétail de *Schwyz* a, comme bétail à lait, une très-bonne réputation, même en France. Je ne crois pas me tromper, en lui promettant, si on a soin de l'élever pure, un débouché toujours plus considérable en France, au fur et à mesure que le bétail à lait en France se sera transformé en bétail d'engrais au moyen de croisements répétés avec la race de Durham ; elle sera d'autant plus demandée que les expositions de Paris lui fourniront l'occasion de se faire connaître.

» La question prend un peu une autre face pour le bétail rouge et noir de l'ouest de la Suisse. Ces races penchent davantage vers l'aptitude à l'engraissement, et sont moins sûres dans leurs qualités laitières. Pour le bétail rouge, la robe aussi concorderait bien. Il se peut que les produits mâles de croisements du bétail de *Durham* avec notre bétail rouge, trouvent comme bœufs promettant un engraissement facile, un très-bon débouché à notre frontière de l'ouest, surtout vers le sud de la France. Il est possible aussi que les produits femelles deviennent sinon meilleures, du moins pas plus mauvaises laitières. Un essai bien conduit serait dans tous les cas à désirer. »

4° M. Weyhe, conseiller du roi de Prusse, dans son rapport adressé au gouvernement prussien sur l'exposition de Paris de 1856, dit, après avoir relevé les avantages de la race de *Durham :*

« Les fruits des mesures du gouvernement français pour la propagation des *Durham* ne ressortent pas seulement des rapports sur ce sujet, mais il y a déjà, comme conséquence de la mise en pratique des conseils donnés, des milliers de bêtes bovines dans le nord-ouest de la France, qui doivent leur existence à la race anglaise, et qui étaient représentées par d'excellents exemplaires.

» Depuis des années, on se sert avec le meilleur succès, en Hollande, et aussi dans les environs de Bonn et de Magdebourg de taureaux de cette race pour des croisements avec la race indigène. L'introduction de cette race dans notre patrie sur une échelle plus grande que jusqu'ici, aurait les suites les plus utiles ; et de Weckherlin a raison, quand il se plaint que, dans l'Allemagne du Nord, la valeur des bêtes bovines s'estime uniquement d'après leurs qualités laitières et que cette manière de voir exclusive, qui fait si peu de cas de la production en viande, a été un obstacle au développement convenable de l'élève bovine. Maintenant que la viande et la graisse ont tellement haussé de prix chez nous, déjà beaucoup d'agriculteurs seraient plus portés qu'ils ne l'ont été jusqu'ici à employer du *Durham* pour des croisements, et les frères Rathusius à Althaldensleben et Hundisbourg sont, depuis plusieurs années, entrés dans cette voie avec le plus brillant succès. Nous le considérerions comme un grand progrès si, de la même manière qu'on relève de la part du gouvernement l'élève chevaline, on voulait faire quelque chose pour relever l'élève bovine. Nous pensons que pour remplir le but proposé, cela pourrait se faire sans frais considérables, de telle sorte qu'au bout de quelques années les bouchers de Berlin n'auraient plus besoin de jeter leurs regards vers la Podolie, où le fléau de l'agriculture, la peste bovine, a son berceau et d'où elle a pénétré en Silésie et à Posen; mais que notre propre patrie serait en état de livrer en abondance une viande supérieure. Une élève bovine vigoureusement développée est et demeure le moyen le plus naturel et le plus efficace pour augmenter la production et le revenu du sol. »

5° M. Naville, président de la Société agricole de Genève, dit dans un rapport sur l'exposition de Paris :

« Les bêtes bovines suisses méritent la réputation qu'elles se sont acquise depuis longtemps ; la preuve c'est que diverses contrées qui manquent d'un bon bétail à lait en achètent chez nous. Mais on ne doit pas se faire illusion sur ce point, c'est que nos races passent insensiblement de mode. A notre grand regret, on pouvait s'en apercevoir à l'exposition de Paris ; davantage pour la race de *Berne* et *Fribourg* que pour celle de *Schwyz*. Cela est facile à comprendre. Le but principal des efforts de l'agriculture tend à élever des animaux qui, avec une consommation de nourriture la plus faible possible, produisent le plus possible ; c'est pourquoi l'agriculture ne peut agréer des formes osseuses et massives qui sont toujours un signe que les animaux exigent beaucoup de nourriture ; le produit est relativement petit. Ces défauts condamnables aussi bien pour du bétail à lait que pour du bétail d'engrais deviennent la cause qu'on préfère aux races suisses les races anglaises, dans la conformation desquelles l'art de l'éleveur a corrigé tout ce qui était défectueux par nature, tandis que l'intérêt privé mal entendu de l'éleveur suisse lui fait croire que plus le bétail est massif, plus il rapporte d'argent. »

6° Des voix françaises disent :

Le bétail suisse, à l'exposition de Paris, a été reçu avec froideur.

7° Parmi les conclusions prises dans le Hanovre, je puis citer les faits suivants : les croisements avec le bétail pie de la Suisse ont été abandonnés. Du croisement du bétail de *Durham* avec du bétail de *Frise*, de *Hollande*, de *Belgique*, il résulte des animaux de conformation et de qualités distinguées.

Des croisements avec la race *d'Ayr* ont donné également de bons résultats ; pourtant le croisement avec le bétail indigène n'a pas réussi partout.

8° On communique du Luxembourg : on y fait

depuis 1856 une élève étendue de bétail de *Durham*
et de croisements de celui-ci avec le bétail indigène. La croissance rapide et l'aptitude à l'engraissement à tout âge de cette race sont généralement
reconnues.

9° J'extrais du rapport le plus nouveau (1857)
adressé au conseil fédéral suisse, par Vogel-Salazzi,
commissaire fédéral à l'exposition agricole de Paris
de 1856, le passage suivant :

« Si nous examinons attentivement ce grand
nombre de 1,502 bêtes bovines qui étaient réunies
de tous les États de l'Europe centrale sur le champ
de l'exposition, nous nous formons avant tout une
idée claire du degré de culture de toutes les races de
ces pays, après nous acquerrons la consolante conviction, que la réalisation des principes établis dans
notre siècle, qui donnent aux bêtes bovines sous
le rapport de l'économie nationale un haut degré
d'importance, poussera des racines de plus en plus
profondes et étendues, et que la culture du bétail
se relevant de sa position antérieure négligée et
subordonnée, atteindra enfin ce degré de perfection
où elle concourra d'une manière aussi efficace que
possible à fonder le bien-être des particuliers aussi
bien que la richesse de tout un État.

» La France a réalisé l'idée élevée et fertile
d'une exposition universelle ; et, en l'exécutant de
la manière la plus large et la plus brillante, elle en
a démontré l'opportunité et la maturité.

» Les animaux de la race de Fribourg étaient
remarquables tant par la beauté de leur choix que
par la pesanteur énorme de leur corps. Quoique
ces animaux se distinguassent, comme véritable
type de la race, on leur reprochait pourtant avec
raison leur système osseux grossier qui de nos jours

n'est estimé par aucun connaisseur; pas même pour les bœufs de trait. Au même degré, on reprochait à cette race sa peau épaisse et ses poils grossiers. Comme bétail à lait, ce bétail occupe en Suisse le troisième rang. Il est à recommander de la manière la plus pressante aux éleveurs de Fribourg d'abandonner le système d'élevage qu'ils ont suivi jusqu'à présent, et de chercher à obtenir comme laitiers des animaux plus fins. La circonférence et la longueur du corps peuvent rester les mêmes, mais ce système osseux énorme doit devenir plus fin. Les croisements qui ont été entrepris en France, surtout dans le département du Jura, avec du bétail de *Fribourg*, paraissent avoir eu un très-mauvais succès ; car ce bétail, par une nourriture moindre, a perdu en lait tout aussi bien qu'il est devenu presqu'impropre à l'engraissement. Nous avons un plaisir particulier à mentionner la belle catégorie qu'avaient envoyée les exposants de Berne. Leurs animaux exposés, (principalement des bêtes de *Simmenthal*), n'avaient aucun des anciens défauts, tels que structure osseuse grossière, peau épaisse, tête lourde, etc., mais ils se distinguaient, au contraire, par leurs belles proportions, leur dos droit avec les belles côtes et la structure fine de leurs membres.

» Malgré la grande extension qu'a prise chez nous la race de Schwyz et qui augmente de jour en jour, il se trouvait, à côté de bêtes tout à fait distinguées, d'autres dont on se demandait involontairement comment elles avaient pu venir se perdre à Paris. Si chez les vaches moins que médiocres, le beau pis pouvait réconcilier le connaisseur, le choix des taureaux, en revanche, n'avait rien pour se justifier et le peu de compétence qu'y ont témoigné une partie des exposants, démontre à l'évidence quels principes erronnés existent encore sur l'élevage et quelle influence salutaire peuvent exercer des expositions centrales. Les principaux défauts qu'on pouvait reprocher avec raison au plus grand nombre des taureaux, surtout à ceux du canton de Lucerne, étaient : la structure osseuse par trop grossière, la croupe pointue, le dos enfoncé, les côtes plates, la poitrine étroite et la peau épaisse ; par contre, une belle couleur et des cornes blanches existaient généralement et démontraient suffisamment comment on néglige les grandes choses pour les petites. Chez les vaches, ces défauts n'étaient pas aussi évidents, mais ils existaient néanmoins en partie. D'un autre côté, on avait exposé, des cantons de *Schwyz* et de *Zug*, des exemplaires superbes de vaches qui sont venues augmenter considérablement la grande réputation que ces races ont acquise en France dans les dernières années et l'ont portée même jusqu'en Angleterre, pays pour lequel il s'est vendu 15 des plus belles bêtes.

» Si nous envisageons maintenant les défauts et les imperfections de notre élève bovine en général, nous devons avouer que le remède n'est pas bien difficile. Jusqu'ici, il n'était pas question d'une élève systématique ou tout au plus dans des cas extrêmement rares ; la position que nous occupons, nous la devons, en majeure partie, à l'excellence de nos pâturages, mais non à une combinaison humaine. Le mode d'élevage dépendait, la plupart du temps, des caprices et des préventions des acheteurs étrangers, qui ainsi nous ont souvent induit dans des erreurs et de fausses voies, sur lesquelles nous nous trouvons encore aujourd'hui. On devrait procéder d'une manière beaucoup plus précise dans le choix des reproducteurs et n'employer autant que possible aucun animal à la reproduction avant qu'il n'ait atteint l'âge de deux ans ; on devrait s'attacher beaucoup moins à la robe, aux cornes et à d'autres vétilles de ce genre, par contre tout particulièrement à la conformation et à la nature de la peau. Si on cherchait à produire d'excellents animaux à système osseux léger, à côtes bien rondes, à poitrine large, à croupe large, à tête légère et aux extrémités fines ; ils rendraient par une bonne nourriture et des soins convenables les meilleurs services.

» Je serais bien triste s'il devait se confirmer que le canton des Grisons a acquis des taureaux de *Durham* pour faire des croisements ; autant j'estime ces derniers, autant je considérerais pourtant ce procédé comme fautif, parce que les Grisons sacrifieraient sûrement les avantages obtenus jusqu'ici de leur race brune et perdraient leur marché de bon bétail à lait. Par contre, je puis approuver parfaitement la manière de faire des cultivateurs vaudois qui, l'été dernier déjà, se sont procuré 4 taureaux de *Durham* pour l'amélioration de leur bétail tâcheté, parce que j'ai la conviction que partout en Suisse où les intérêts du cultivateur et les conditions du sol sont favorables à l'engraissement et à l'élève de bétail d'engrais, et où une production un peu moins grande de lait n'est pas de forte importance, un croisement avec le sang de *Durham*, qui transmet ses formes distinguées déjà dans la première génération, doit être extrêmement avantageux.

» La description que donne M. d'Erlach des animaux de la race d'*Ayr* est parfaitement exacte, et je crois en effet que, parmi les races laitières, ils ont les formes les plus belles ; mais comme, dans leur ennoblissement, on a procédé d'après les principes anglais qui mettent les formes et l'aptitude à l'engraissement au-dessus des qualités lactifères, il paraîtrait, d'après le dire d'Anglais compétents, que l'abondance de lait de cette race ne lui est pas du tout aussi particulière, qu'on l'a cru surtout en France; de même que parmi les vaches de Durham on en trouve beaucoup qui ne donnent presque pas de lait et ne sont propres qu'à l'engraissement. La meilleure preuve en est, que les vaches d'*Ayrshire* ne sont pas très-recherchées en Angleterre et que les fermiers tiennent comme bétail à lait principalement des vaches à courtes cornes.

» Quoique l'ennoblissement de la race d'Ayrshire n'ait commencé qu'il y a cinquante ans, il n'existe pas de données certaines sur la manière dont il a été entrepris. Ce qui est certain, c'est que le bétail indigène de cette contrée a été croisé avec l'ancien taureau de *Holderness* et probablement aussi avec celui d'*Alderney*. C'est de là qu'il peut dépendre que cette race n'est pas encore constante, et qu'ainsi elle ne convient pas pour l'ennoblissement d'autres races.

» Si je mentionne encore une fois le célèbre bétail de *Durham*, ce n'est que pour chercher à combattre certains préjugés, qu'on opposera probablement en masse à ces étrangers à leur arrivée en Suisse.

» Que cette race est constante, l'exposition en a fourni de nombreuses preuves; car dans les croisements entre la race de *Durham* et les races françaises, ou avec les vaches de *Schwyz*, etc., ce sont principalement les qualités des *Durham* qui se sont transmises, sans cependant faire du tort aux

autres qualités. Comme elle descend d'une race
tout à fait distinguée comme laitière, il s'explique
peut-être que l'abondance en lait s'est maintenue
malgré la disposition à l'engraissement; de telle
sorte cependant qu'il s'y trouve des individus qui
conviennent plutôt pour l'engraissement et d'autres
qu'on peut ranger parmi les meilleures vaches laitières. L'Angleterre ne connaît, pour ainsi dire,
pas d'autres vaches laitières que ces vaches à
courtes cornes.

» Il m'a été assuré par des éleveurs français que
des vaches de *Durham* leur ont donné, immédiatement après le vêlage et encore pendant quelque
temps après, 32 litres de lait par jour. Des chiffres
authentiques, dans les rapports du haras du Pin,
confirment ces assertions.

» Le zèle qui s'est réveillé en France par ces
expositions a déjà porté des fruits, car les diverses
races françaises étaient représentées cette année
par des exemplaires beaucoup plus beaux. Même
l'élève française des *Durham* n'a été surpassée en
rien par l'élève anglaise, et elle fera sans doute encore des progrès considérables dans l'avenir. »

10° Le chevalier de Riese-Stallburg connu et estimé pour la manière énergique et intelligente, dont
il administre ses biens considérables en Bohème, a
introduit sur ses domaines, de l'exposition de Paris,
pour faire des essais comparatifs d'ennoblissement
des races indigènes, des souches composées chacune
d'un taureau et de 2 à 4 vaches des races suivantes :

1). Parmi les races anglaises, celles de *Durham*,
d'*Ayrshire*, de *Hereford* et d'*Angus*.

2). Parmi les races françaises, celles de *Normandie* et de *Bretagne*.

3). La race *hollandaise*.

11° Je m'étais adressé à M. de Rathusius, propriétaire à Hundisbourg, près de Magdebourg, qui
s'est acquis tant de droits à la reconnaissance de
l'agriculture et particulièrement de l'élève bovine
par l'introduction de races distinguées, afin qu'il
voulût bien me donner des notes sur les résultats
qu'il a obtenus avec la race de *Durham* qu'il a
introduite.

Au moment où la dernière feuille du présent
travail était sous presse, je reçus de M. de Rathusius l'annonce qu'il paraîtrait sous peu un petit
ouvrage de lui, qui est destiné à recommander
l'introduction de la race de *Durham;* mais qu'il
allait pourtant me communiquer quelques notes.
Je reproduis cette intéressante communication :

« Depuis 8 ans, j'ai introduit du *Shorthorn*
(*Durham*); dans les dernières années j'en ai de
nouveau fait venir qui provenait des meilleures
élèves anglaises. Les animaux réussissent bien par
la nourriture à l'étable, et en même temps par le
pâturage pour le jeune bétail sur des prairies ense-
mencées; ils réclament à la vérité des soins et une
nourriture abondante; mais ils sont très-recon-
naissants et se nourrissent infiniment mieux que le
bétail de *Hollande,* avec lequel nous avons malheureusement ici principalement à faire. Le produit brut en lait n'atteint pas celui des meilleurs
animaux hollandais, mais le produit net par la
fabrication du beurre est plus grand. J'ai croisé,
sur une assez grande échelle, des taureaux de
Durham avec des vaches indigènes de ce pays, des
hollandaises et des vaches d'*Ayrshire;* mon frère
l'a fait aussi quelque peu en grand avec des vaches
de *Breitenburg* et du *Voigtland.* Les élèves de
demi-sang satisfont parfaitement, les animaux de

3/4 et 7/8 sang conviennent parfaitement dans mes conditions, et j'espère bientôt en avoir toute une étable de 150 à 200 bêtes. Une expérience d'un intérêt pratique tout particulier, a été faite sur mes conseils d'abord par deux de mes frères et ensuite par plusieurs voisins, savoir que les taureaux de demi sang des diverses races se sont jusqu'ici très-bien transmis, surtout sous le rapport des formes distinguées et des qualités pour l'engraissement ; et que, par conséquent, là où les circonstances ne permettent pas de se procurer ou d'employer des animaux de pur sang, on peut se servir de taureaux de demi sang et en attendre avec certitude des produits qui, en développement hâtif et en bon emploi de la nourriture auront fait un progrès considérable comparé à celui obtenu par les races allemandes expérimentées jusqu'ici. Ce phénomène est si évident, que jusqu'ici je n'ai pas pu livrer la dixième partie des veaux mâles qu'on m'a demandés et qu'on me demande encore presque chaque semaine. C'est précisément la qualité chez nous si négligée du *good feeders* que les Anglais ont développée avec beaucoup de conséquence, et qui manque totalement à notre bétail, qui n'est élevé que pour la couleur et la race ; c'est cette qualité qui donne aux *shorthorn* la supériorité de transmission héréditaire qu'on a reconnue ici comme en France. Mais il est certain que les animaux doivent être choisis, d'après cette qualité, et ne pas être achetés en Angleterre uniquement parce qu'ils portent le nom de la race (1). »

(1) Cette transmission, remarquablement bonne, de la conformation propre à l'engraissement et du développement hâtif est une chose importante. Si on ne veut se contenter d'admettre tout simplement que c'est un exemple frappant de la force de transmission héréditaire

de qualités devenues très-constantes, par un élevage conséquent dans
plusieurs générations, force qui est tellement intense, qu'elle donne
cette faculté de transmettre aux animaux de demi-sang, mes principes généraux et mes opinions sur la transmission héréditaire aide-
ront à le prouver. Dans la bête bovine, la production de la viande
est la qualité prédominante (II. § 185). La production du lait au delà
du lait naturellement nécessaire au veau, a été développée artificiellement (I. § 41. II. §§ 147-148). L'aptitude à l'engraissement et le
développement hâtif peuvent être poussés à un très-haut degré par
l'élevage et l'entretien (II. §§ 144-148, 195). C'est à cela qu'ont particulièrement travaillé les Anglais, depuis très-longtemps, chez leurs
races bovines. A côté de l'aptitude à l'engraissement qu'on veut dé-
velopper, on peut conserver jusqu'à un certain point l'abondance
de lait qu'on avait antérieurement déjà développée (II, § 52 ; cependant, chez les divers animaux, selon les choix des reproducteurs,
c'est tantôt l'une, tantôt l'autre de ces qualités qui prédomine. En
Angleterre, le développement de ces deux qualités en même temps,
dans la même race, avait réussi dans l'ancienne race de *Teeswater*,
et il s'était continué avec prédominance apparente de l'aptitude à
l'engraissement dans la nouvelle race de *Durham*. Cette aptitude à
l'engraissement poursuivie dans les ancêtres pendant plusieurs générations, devenue de cette manière de plus en plus constante, trouva
un champ d'autant plus fertile pour se transmettre par le croisement
avec d'autres races, que, comme je l'ai fait observer, l'aptitude à l'engraissement est naturellement innée à l'espèce bovine, et que la plupart des autres races, non-seulement en Angleterre, mais encore en
France, en Allemagne, etc., avaient été utilisées et élevées en vue de
l'aptitude à l'engraissement. Par le croisement de ces races, etc., avec
le *Durham*, cette qualité pour l'engraissement, qui leur est inhé-
rente, s'accroît encore et devient plus constante. Comme il n'y a rien
en eux qui fasse obstacle à cette qualité particulière du *Durham* ou
qui soit capable d'occasionner des retours fâcheux, il s'ensuit que les
animaux mâles de demi-sang, provenant de ces croisements, doivent
transmettre très-bien à leurs descendants cette aptitude qui s'est
encore accrue chez eux et qu'en cela ils conviennent peut-être mieux
que l'emploi continué d'animaux de pur sang, parce que, comme je
l'ai dit plus haut, on a rarement pour but de vouloir obtenir pour
d'autres conditions les qualités totales du *Durham* le plus perfectionné ; mais qu'on cherche seulement à inculquer à la race donnée
cette aptitude perfectionnée à l'engraissement. L'éleveur peut, d'après
ses vues, s'arrêter aux différents degrés d'un pareil croisement ; selon
que, pour ces croisements, on est plus ou moins heureux dans le
choix des reproducteurs dans les familles de la race originale, il arri-

vera, ou que l'on conserve l'abondance de lait, ou que l'on obtiendra plus exclusivement de l'aptitude à l'engraissement, avec préjudice dans les qualités laitières.

Dans mon *Agriculture anglaise*, j'ai cité un cas analogue, où le demi-sang peut être employé avec un succès persistant, c'est-à-dire, sans qu'il y ait à craindre des retours au sang inférieur des ancêtres de l'animal de demi-sang améliorateur. Le cheval demi-sang anglais, quoique composé du sang le plus noble et de sang commun, peut malgré cela, être employé avec bon succès à l'amélioration de mainte élève chevaline indigène en Allemagne; car, déjà, le cheval anglais plus commun, surpasse en qualités beaucoup de chevaux allemands indigènes; et j'ajouterai, par l'habitude fautive qu'on a eue souvent dans les haras de mélanger toute espèce de sang des races les plus différentes, il n'a pu se produire chez les chevaux indigènes de la consistance; au contraire, celle-ci a été involontairement rompue, comme par exemple, on l'a fait exprès dans la bergerie de la Charmoise, et dans ce manque de toute constance dans les chevaux indigènes à accoupler, il peut bien arriver que le demi-sang puisse, sans opposition d'autres qualités, transmettre avec succès ses qualités à la place des qualités des chevaux indigènes.

Ces cas, dans lesquels des animaux de demi-sang transmettent bien leurs qualités à des animaux tout à fait mélangés ou dont les qualités n'opposent pas d'obstacles à celles de l'animal de demi-sang, n'ôtent rien, ni en principe, ni en pratique, à la valeur du pur sang, au mérite d'une constance plus grande.

Sans le pur sang, nous n'aurions pas le demi-sang, et toujours, supposant toutes qualités égales dans deux individus, l'un de pur sang, l'autre de demi-sang, le pur sang se transmettra avec plus de constance que le demi-sang. Le pur sang a, par conséquent, toujours la plus grande valeur lorsqu'on veut transmettre, autant que possible, ses qualités aux produits. Mais on doit comprendre et employer la valeur de cette constance du côté pratique, ne pas exagérer, compliquer et dénaturer les exigences. Ma pratique en cela était bien simple, telle que je l'ai employée pendant une longue série d'années dans des élèves animales les plus étendues et les plus diverses et d'après les observations les plus exactes des résultats de croisements, d'élève pure, d'obtention de races nouvelles, de rafraîchissement de sang, etc., de même, lors des achats de reproducteurs, etc., du reste, toujours le principe dans l'œil. La première condition pour un reproducteur, c'est d'avoir en propre les meilleures qualités et aptitudes; seconde condition, meilleure provenance d'après les parents, la race, etc., c'est-à-dire que les qualités et les aptitudes ont gagné en constance, ce qui, du reste, selon le but, peut très-bien se borner à trois ou quatre générations. Si, par conséquent, j'avais le choix entre deux animaux reproducteurs qui seraient égaux dans leurs qualités et leurs aptitudes individuelles, j'ajouterais une plus grande valeur à celui dont les qualités et aptitudes désirables se retrouveraient dans un plus grand nombre d'ancêtres.

L'élève d'après l'aptitude, sous le rapport de l'individu à choisir pour l'élève, a souvent été considérée comme étant en opposition avec l'élève d'après la race. Mais il n'en est nullement ainsi; le principe supérieur pour un élevage rationnel que j'ai toujours suivi, et la première condition pour le meilleur succès est : le choix des individus reproducteurs d'après les qualités et les mérites individuels qui répondent le mieux au but qu'on veut atteindre, et cela soit :

a) Dans la race elle-même par sélection; soit *b*) dans les différents degrés de croisements; mais toujours sous la condition spéciale que les qualités et les mérites qu'on cherche particulièrement à obtenir, proviennent le plus possible des ancêtres. Il ne pourrait y avoir opposition entre « l'élève d'après la race » et « l'élève d'après les mérites, » que (ce qu'un éleveur rationnel ne fera jamais) si on voulait prétendre et recommander que, dans le choix d'un animal reproducteur, il ne faut tenir compte que des qualités et mérites individuels de celui-ci, sans considération des ancêtres, de la race, de la constance, etc. Une telle manière d'agir est condamnée par tous nos principes d'élevage.

Relativement à l'appareillement interne par sélection, qui est particulièrement apte à produire la constance d'une race, on commet souvent la méprise de le confondre avec l'élève dans la proche parenté, dans la consanguinité. L'idée d'appareillement interne ne suppose pas du tout l'élève par consanguinité. Celle-ci est un appareillement interne élevé à une haute puissance. De même que les avantages de l'appareillement interne, de même les dangers s'accroissent considérablement dans l'élève par consanguinité, si l'éleveur ne fait pas un choix prudent et judicieux des deux reproducteurs et ne tient pas suffisamment compte des conditions dans lesquelles la sélection est recommandée. Il n'est donc pas possible de recommander ou de condamner d'une manière générale ni l'élève par sélection, ni l'élève par consanguinité. Mais qu'au moyen de la sélection on puisse obtenir et qu'on ait obtenu ce qu'il y a de plus parfait en élève animale, des Anglais nous en ont donné autrefois et aujourd'hui la preuve la plus éclatante en grand, comme en petit j'en ai un grand nombre d'exemples dans mon expérience personnelle. Par contre, il sera beaucoup plus difficile de fournir des preuves incontestables que la sélection par elle-même et sans qu'il ait été commis des fautes relativement aux conditions auxquelles la sélection convient ou sans autres circonstances fâcheuses, ait eu dans l'élève de grands inconvénients durables, quand les éleveurs avaient soin, aussitôt qu'ils s'apercevaient que leur élève prenait une fausse direction, de s'y opposer et de la ramener dans la bonne voie, peut-être par le rafraîchissement du sang.

FIN.

TABLE DES MATIÈRES.

Tome premier

Multiplication des bêtes bovines.

Tome second.

Emploi des bêtes bovines.

FIN DE LA TABLE.